普通高等院校计算机基础教育系列教材

大学信息技术基础实验

主　编　唐建军

副主编　吴　燕　彭　媛　涂传清

参　编　陈　琦　彭　芳　黄青云

　　　　郑　薇　尤新华

北京理工大学出版社

BEIJING INSTITUTE OF TECHNOLOGY PRESS

内 容 简 介

本书是《大学信息技术基础》的配套教材，内容包括 Windows 系统安装与基本操作、Word 2016 电子文档的制作与编辑、Excel 2016 电子表格的应用、PowerPoint 2016 演示文稿制作、计算机 网络应用、Access 数据库应用、算法与程序设计基础、计算机常用软件使用等。全书共有 29 个实 验，每个实验由实验目的、实验内容和实验步骤组成，是学生学习"大学信息技术基础"课程的上 机指导书，能够培养学生的自学能力和实践能力。

本书适合高等院校非计算机专业的学生作为学习大学计算机应用基础知识的配套教材使用，对 从事大学计算机应用基础教学的教师也是一本极好的参考书。

图书在版编目（CIP）数据

大学信息技术基础实验/唐建军主编. --北京：
北京理工大学出版社，2022.1（2024.3重印）
ISBN 978-7-5763-0915-7

Ⅰ. ①大… Ⅱ. ①唐… Ⅲ. ①电子计算机-高等学校
-教材 Ⅳ. ①TP3

中国版本图书馆 CIP 数据核字（2022）第 016707 号

出版发行／北京理工大学出版社有限责任公司

社　　址／北京市海淀区中关村南大街 5 号

邮　　编／100081

电　　话／（010）68914775（总编室）

　　　　　（010）82562903（教材售后服务热线）

　　　　　（010）68944723（其他图书服务热线）

网　　址／http：//www.bitpress.com.cn

经　　销／全国各地新华书店

印　　刷／涿州市新华印刷有限公司

开　　本／787 毫米×1092 毫米　1/16

印　　张／11.25　　　　　　　　　　　　　　　责任编辑／陈莉华

字　　数／264 千字　　　　　　　　　　　　　　文案编辑／陈莉华

版　　次／2022 年 1 月第 1 版　2024 年 3 月第 4 次印刷　责任校对／刘亚男

定　　价／36.00 元　　　　　　　　　　　　　　责任印制／李志强

前　言

21 世纪是信息时代，更是充满人才竞争的时代，"大学信息技术基础"课程的教学内容和教学目标已经发生重大改变，怎样结合课程特点来提高课程的教学质量是困扰众多计算机基础教育工作者和有关管理人员的问题。经过认真细致的研究，我们认为该课程的主要目的是培养学生的计算机基本素质，既要使他们掌握计算机的基本理论和基本概念，又要使他们熟练掌握常用软件工具的用途和操作方法。

本书是《大学信息技术基础》的配套教材，主要内容包括 Windows 系统安装与 Windows 基本操作、Office 2016 基本操作、计算机网络及应用、算法与程序设计基础、计算机常用软件使用等。全书共有 29 个实验，每个实验由实验目的、实验内容和实验步骤三部分组成，是学生学习"大学信息技术基础"课程的上机指导书，并能培养学生自学动手实践能力。

本书内容广泛，选材讲究，可适用于计算机公共基础课程的教学之需，对学生的学习和实践有很好的指导作用。本书适合高等院校非计算机专业的学生作为学习大学计算机应用基础知识的配套教材使用，对从事大学计算机应用基础教学的教师也是一本极好的参考书。

本书由江西农业大学的唐建军、吴燕、彭媛、涂传清、陈琦、彭芳、黄青云，沈阳职业技术学院的郑薇和湖北大学的尤新华集体编写完成。其中，黄青云编写第 1 章、第 7 章，陈琦编写第 2 章，彭媛编写第 3 章，彭芳、涂传清编写第 4 章、第 5 章，郑薇编写第 6 章，吴燕编写第 8 章，尤新华编写第 9 章，唐建军编写第 10 章；唐建军和吴燕负责全书的统稿和定稿工作。

本书的编写和出版，得到了江西农业大学的大力支持，在此深表感谢！

由于编者的水平有限，书中难免有错误或不妥之处，恳请有关专家和广大读者给予批评指正，我们将深表感谢。

编　者

目　　录

第 1 章　安装 Windows 操作系统 ……………………………………………… 1

实验一　在虚拟机 VMware 下安装 Windows 7 ………………………………… 1

第 2 章　Windows 基本操作 …………………………………………………… 18

实验一　指法练习 …………………………………………………………… 18

实验二　Windows 7 基本操作 ……………………………………………… 21

实验三　Windows 7 文件管理、程序管理、用户管理、DOS 命令 ………… 28

第 3 章　Word 2016 电子文档的制作与编辑 ……………………………… 39

实验一　电子文档的基本制作与编辑 ……………………………………… 39

实验二　文档制作表格、公式编辑、图表操作 …………………………… 49

实验三　综合文档制作及图文混排 ………………………………………… 56

第 4 章　电子表格应用（一）………………………………………………… 65

实验一　Excel 2016 的编辑与格式化 ……………………………………… 65

实验二　工作表格式化 ……………………………………………………… 69

实验三　工作表数据的统计运算 …………………………………………… 74

第 5 章　电子表格应用（二）………………………………………………… 81

实验一　建立数据图表 ……………………………………………………… 81

实验二　数据列表的数据处理方式 ………………………………………… 85

实验三　数据透视表和合并计算 …………………………………………… 90

第 6 章　PowerPoint 演示文稿制作 ………………………………………… 95

实验一　PowerPoint 演示文稿制作 ………………………………………… 95

第 7 章　计算机网络应用 ……………………………………………… 108

实验一　查看并设置计算机的 TCP/IP 协议参数 ………………………… 108

实验二　使用 IE 浏览网页并设置 IE 选项 ……………………………… 110

实验三　在网易申请一个免费信箱 ……………………………………… 114

第 8 章　Access 数据库 …………………………………………………… 117

实验一　数据库的创建与操作 …………………………………………… 117

实验二　数据表的创建与维护 …………………………………………… 120

实验三　查询的创建与操作 ……………………………………………… 133

实验四　Access 应用程序设计 …………………………………………… 139

第 9 章　算法与程序设计基础 …………………………………………… 146

实验一　可视化程序设计环境入门 ……………………………………… 146

实验二　RAPTOR 中选择结构算法设计 ………………………………… 153

实验三　RAPTOR 中循环结构算法设计 ………………………………… 156

第 10 章　计算机常用软件使用 ………………………………………… 159

实验一　使用 360 安全工具管理计算机 ………………………………… 159

实验二　使用 WinRAR 压缩和解压缩文件 ……………………………… 163

实验三　使用迅雷下载工具下载文件 …………………………………… 165

实验四　查看 PDF 文档 …………………………………………………… 167

实验五　FinalDate 数据恢复 ……………………………………………… 170

第1章

安装 Windows 操作系统

实验一　在虚拟机 VMware 下安装 Windows 7

一、实验目的

（1）掌握 Windows 7 的安装过程。
（2）熟悉虚拟机 VMware 的工作界面。
（3）了解 VMware 工具包的安装。
（4）熟练掌握在 VMware 平台下安装 Windows 操作系统。

二、实验内容

（1）在计算机里安装虚拟机，然后安装工具包。
（2）在计算机的 C 盘上新建一个文件夹，命名为 vm。
（3）将 Windows 7 安装在此目录下。

三、实验步骤

1. VMware 简介

VMware Workstation 允许操作系统和应用程序在一台虚拟机内部运行。虚拟机是独立运行主机操作系统的离散环境。在 VMware Workstation 中，你可以在一个窗口中加载一台虚拟机，它可以运行自己的操作系统和应用程序。你可以在运行于桌面上的多台虚拟机之间切换，通过一个网络共享虚拟机（例如一个公司局域网），挂起和恢复虚拟机以及退出虚拟机，这一切不会影响你的主机操作和任何操作系统或者它正在运行的应用程序。

2. VMware 的安装

本系统采用的是 VMware-workstation-full-12 版本，建议大家下载相同的版本安装，这个版本运行稳定，具体的文件名称为 VMware-workstation-full-12.5.6-5528349.exe，下面就简单介绍一下虚拟机 12 的安装过程。

1

　　双击下载到本地计算机的虚拟机 12 软件，出现如图 1.1 所示界面。整个安装过程比较简单，如图 1.2~图 1.9 所示。

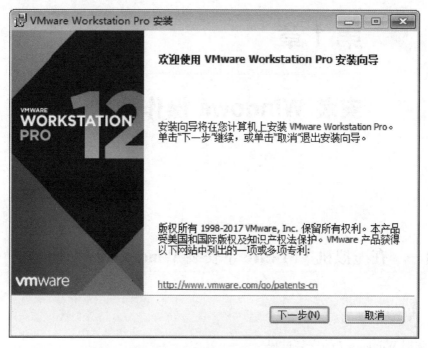

图 1.1　双击虚拟机 12 软件

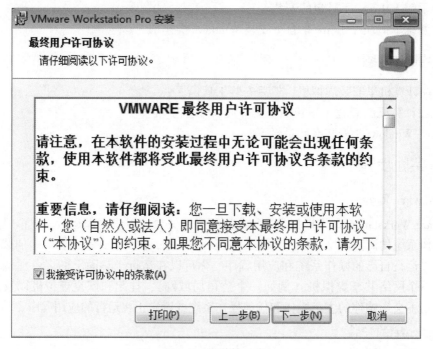

图 1.2　安装第二步

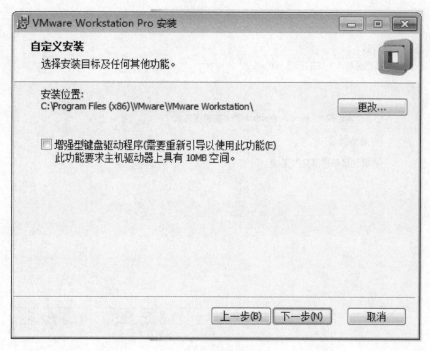

图 1.3   安装第三步

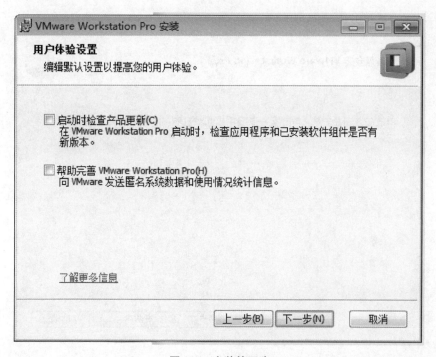

图 1.4   安装第四步

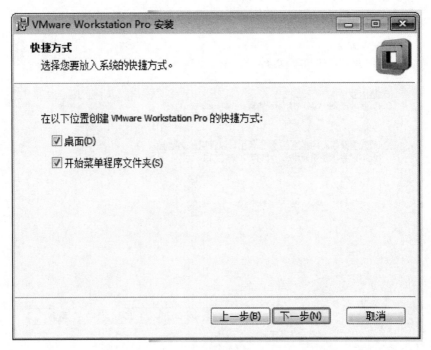

图 1.5　安装第五步

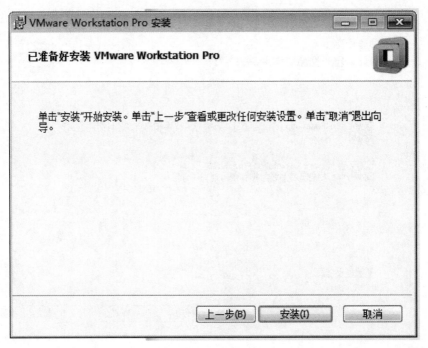

图 1.6　安装第六步

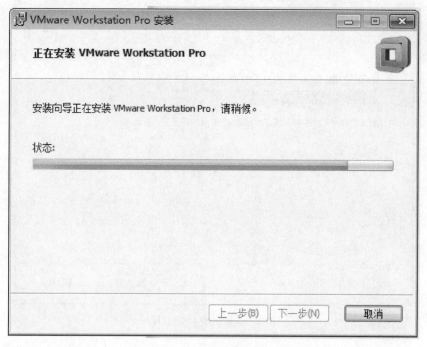

图 1.7　安装第七步

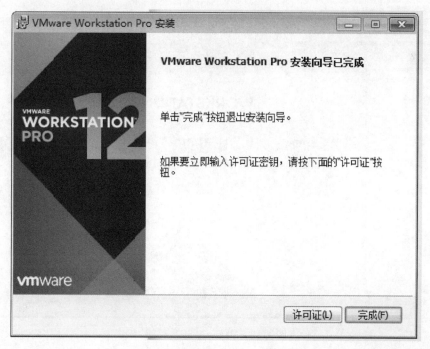

图 1.8　安装第八步

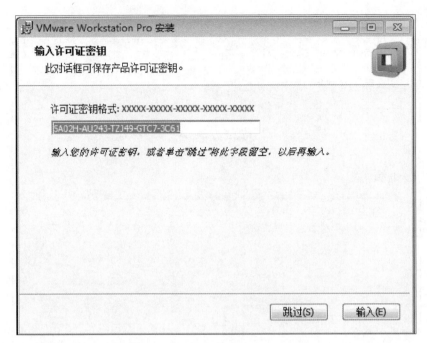

图 1.9　输入许可证编号

整个 VMware Workstation 12 的安装就结束了。VMware 安装之后的运行界面如图 1.10 所示。

图 1.10　VMware 运行界面

3. 虚拟机安装之前的配置简介

在图 1.10 中，选择"创建新的虚拟机"菜单，进入新的虚拟机安装向导界面，如图 1.11所示，这步选择建议的默认选项（常用配置）即可。

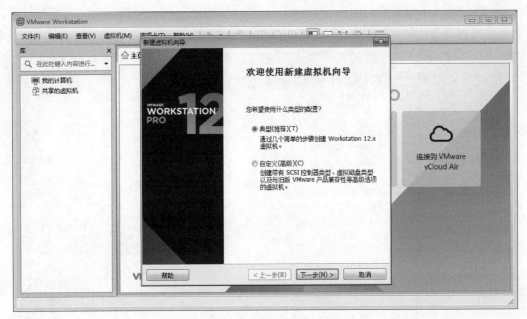

图 1.11　虚拟机安装向导

之后，选择客户操作系统的安装源，有物理光驱、安装镜像文件和稍后安装操作系统。本步根据自己安装操作系统的实际来源决定，界面如图 1.12 所示

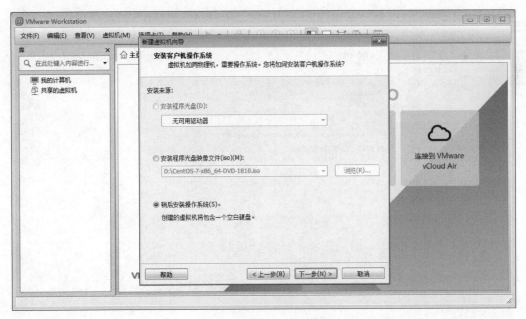

图 1.12　操作系统安装源

如果目前还不清楚操作系统的安装源是什么，可以选在稍后安装操作系统，后面可以适时地修改安装源，单击"下一步"按钮，进入客户操作系统类型选择界面，如图 1.13 所示。

本步的选择非常重要，选择的客户机操作系统类型必须要和实际安装的系统完全吻合，否则，在以后的运行过程中可能出现系统死机或者运行不稳定情况，本案例选择 Microsoft

Windows 大类别（下拉菜单）中的 Windows 7，然后单击"下一步"按钮，进入虚拟机名称和安装位置设置对话框，如图 1.14 所示

图 1.13　客户操作系统类型选择

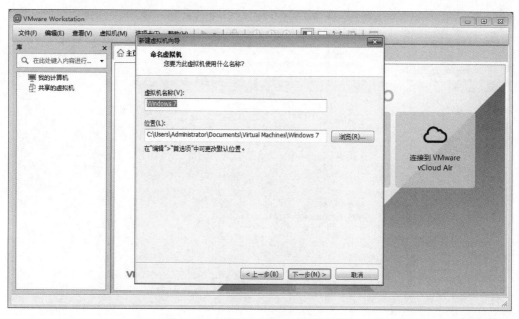

图 1.14　虚拟机名称和安装位置设置

　　虚拟机的名称是将要安装的系统的标识，安装位置指的是客户机操作系统安装在宿主操作系统的哪个分区的哪个路径下，虚拟机只能安装在物理机的某个分区的某个文件夹下，不能直接安装在物理机的某个主分区或者逻辑分区之上。本步按上图所设后，单击"下一步"按钮，进入虚拟机磁盘容量设置界面，如图 1.15 所示。

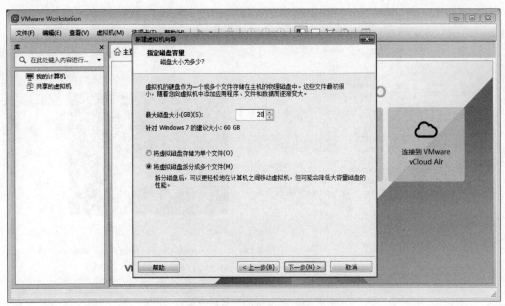

图 1.15　虚拟机容量设置

　　本步要结合具体情况，如果在虚拟机中要用到大量的数据存储，则应该把最大磁盘大小设得大一些，本案例仅仅是测试，只设置了 20 GB。单击"下一步"按钮，进入虚拟机安装向导的最后一步，界面中列出了刚才建立的虚拟机的基本配置信息，如图 1.16 所示。

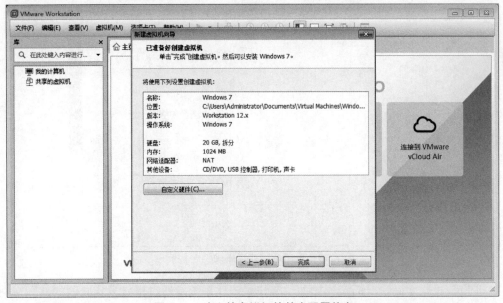

图 1.16　建立的虚拟机的基本配置信息

4. 开始在刚才建立的虚拟机中安装 Windows 7 操作系统

　　到目前为止，已经组装了一台只有硬件的计算机，硬件的配置信息如图 1.17 所示。
　　如果此时对于刚才建立的虚拟机的硬件配置信息还不满意，可以适时地进行更改，单击"编辑虚拟机设置"菜单，可以进入更改硬件配置信息的界面，如图 1.18 所示。

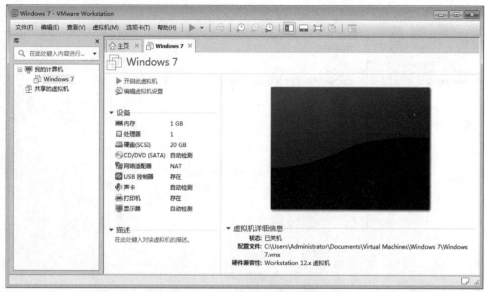

图 1.17　虚拟机的硬件配置信息

图 1.18　重新调整或增删硬件配置信息

本步应该根据实际情况而定，比如，客户机操作系统是通过桥接方式联网的，则在网络适配器中选择桥接模式。并且，此时要设定操作系统的安装源类型是什么，是物理光驱安装还是镜像文件安装。本案例采用物理光驱，则选择 ISO 镜像文件，提供下载好的 Windows 7 的系统盘的路径即可，如图 1.19 所示。提示：Windows 7 的 ISO 镜像文件最好小于 4 GB，否则，安装过程可能会出现一些问题，需要进一步对系统进行更改才能安装。

单击图 1.17 界面中的"开启此虚拟机"菜单，启动虚拟机，进入 Windows 7 的安装界面，如图 1.20 所示。

图 1.19　设置系统安装源

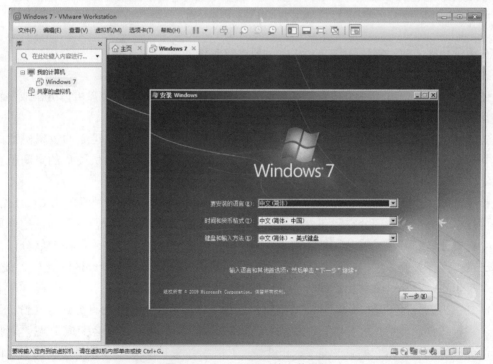

图 1.20　Windows 7 的安装界面

单击"现在安装"，便开始安装 Windows 7。

接下来，首先收集计算机的硬件信息，然后对识别的硬盘进行分区设置，如图 1.21 所示。

因为本案例在虚拟机硬盘容量分配时，指定了 20 GB，所以，图 1.21 显示未分配的磁盘空间为 20 GB。按"Enter"键，本案例只创建一个 20 GB 的主分区。

图 1.21 计算机硬盘信息

在硬盘分区之前，需要知道几个相关的概念，具体如下。

物理磁盘：真实的硬盘称为物理磁盘，英文为 Physical Disk。

逻辑磁盘：分区后使用的 C 盘、D 盘泛称为逻辑磁盘。一块物理磁盘可以分割成一块逻辑磁盘或数块逻辑磁盘，可依据需要来调整。

主分区：主分区的英文为 Primary Partition，是在物理磁盘上可以建立的逻辑磁盘的一种。举例来说：如果你希望你的物理磁盘规划成仅有一个 C 盘，那整块硬盘的空间就全部分配给主分区使用。

扩展分区：扩展分区的英文名为 Extended Partition，如果想把一个硬盘分为 C、D 两块，那你可以拿硬盘上的一部分空间建立一个主分区（这个主分区变成 C 盘），剩下的空间则建立一个扩展分区。可是扩展分区还不算是一个"可作用"的单位，你还得在扩展分区建立逻辑磁盘，操作系统才可以存取其上的内容。举例来说：如果你把扩展分区的空间全部分配给一个逻辑磁盘，那这个利用扩展分区建立的逻辑磁盘就会变成 D 盘。

注意：扩展分区不是一定就分配一个逻辑磁盘，你还可以把扩展分区分成好几份，变成好几个逻辑磁盘。若把扩展分区分配给一个逻辑磁盘，这个逻辑磁盘会变成 D 盘。若把扩展分区分成好几份，则它们就会是 E、F 盘等。尤其要注意扩展分区和其上逻辑磁盘之间的关系：C 盘以外的逻辑磁盘（D、E、F 盘等）是包含在扩展分区里面的。

补充：一个硬盘只能有一个主分区（也就是 C 盘）作为系统引导启动用，只能有一个扩展分区作为接下来分区的逻辑分区（就是 D、E、F 盘等）格式化后使用。

然后，正式进入安装界面，如图 1.22 所示。

安装即将结束，但是还有几步简单的系统设置，包括用户名设置，如图 1.23 所示。

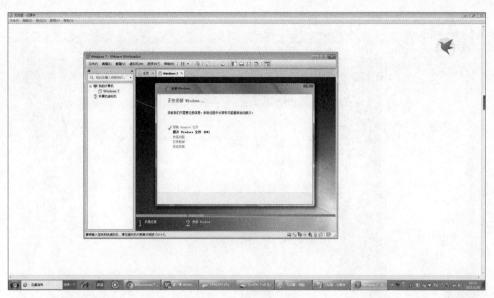

图 1.22　系统安装

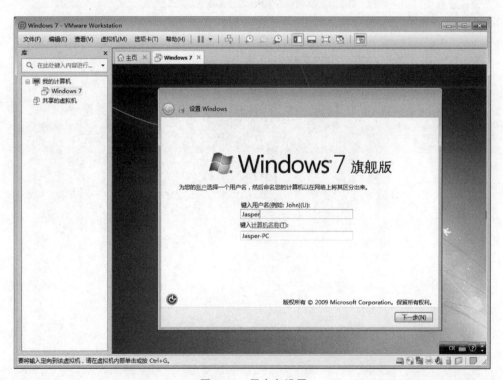

图 1.23　用户名设置

　　之后输入用户密码，如图 1.24 所示。Windows 7 是一个典型的多用户系统，所以需要提供密码进行系统认证。

　　之后，安装程序会进入设置网络界面，可根据自己的网络环境进行配置，有些用户用的是家庭无线网络，有些用的是静态 IP，有些用的是动态 IP，因人而异。至此网络配置结束系统就安装完成了，如图 1.25 所示。

13

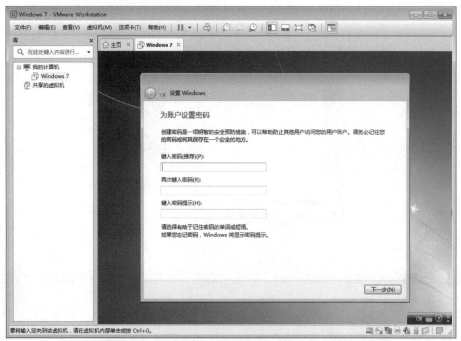

图 1.24 设置用户密码

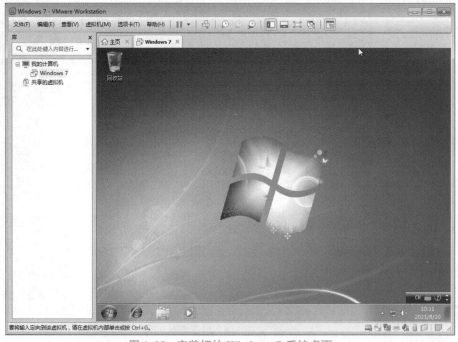

图 1.25 安装好的 Windows 7 系统桌面

5. 安装虚拟机的工具包

虚拟机的工具包可以有效地提高虚拟机的工作效率，比如可以使显示效果更加清晰、鼠标的准确度更高；鼠标可以直接从虚拟机中拖出来，没有安装工具包，要释放鼠标需要用"Alt"+"Ctrl"组合键；还可以直接在宿主机和客户机操作系统之间拖动文件等。安装虚拟机的操作界面如图 1.26 所示。

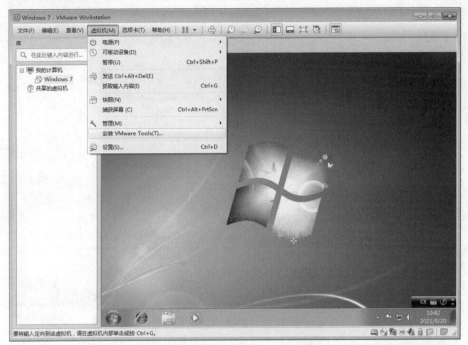

图 1.26　安装 VMware 的工具包

使用"win"+"e"组合键打开我的电脑，则在光驱盘符下，可以看到一个如图 1.27 所示的虚拟出来的图标。

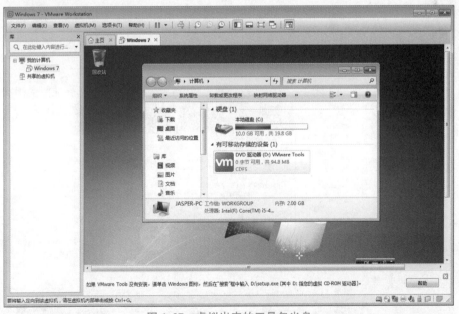

图 1.27　虚拟出来的工具包光盘

右击光驱盘符，选择自动播放，进行工具包的安装，进入工具包安装准备界面，如图 1.28所示。

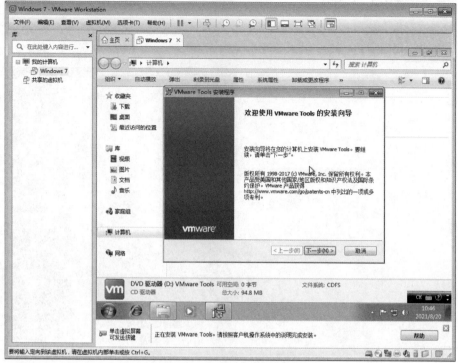

图 1.28　VMware 工具包的安装界面

　　最后选择工具包的安装类型，如图 1.29 所示。选择完毕，单击"下一步"按钮，便进入工具包安装中，如图 1.30 所示。

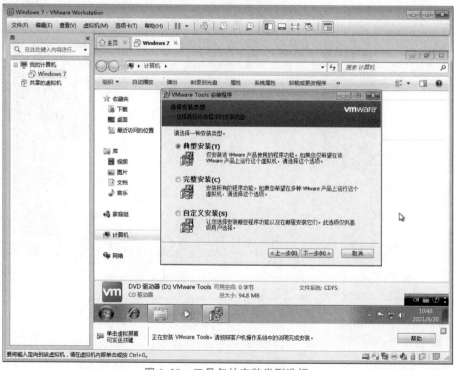

图 1.29　工具包的安装类型选择

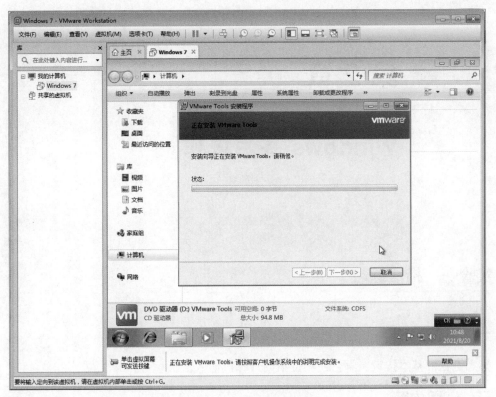

图 1.30　工具包安装中

工具包安装完成之后，重新启动系统。至此，整个实验内容完成。

第 2 章

Windows 基本操作

实验一　指法练习

一、实验目的

熟悉键盘的基本按键，学会使用键盘向计算机输入信息 。

二、实验内容

（1）启动"金山打字通 2016"。
（2）掌握正确的坐姿及打字常识。
（3）指法练习。
（4）中文的基本输入知识。

三、实验步骤

（一）启动"金山打字通 2016"

方法一：选择"开始"→"程序"→"金山打字通 2016"菜单命令，启动后即可进行对应的打字练习。"金山打字通 2016"程序界面如图 2.1 所示。

图 2.1　"金山打字通 2016"程序界面

方法二：双击桌面上的"金山打字通 2016"的快捷方式图标，启动"金山打字通 2016"。

（二）正确的坐姿及打字常识

要想学会打字，学会更快速准确的打字方法，那么指法练习是作为使用电脑的基本功，在初期养成正确的键盘指法十分重要，很多同学由于初期没有养成正确键盘指法的习惯，导致后期习惯了错误的键盘指法，要更正已经相当困难。掌握正确的键盘指法，对于后期快速打字操作十分必要，下面将教大家如何做到正确的键盘指法。

1. 坐姿

打字的时候坐姿要端正，这会影响打字的速度和是否容易疲劳，正确的坐姿如图 2.2 所示。

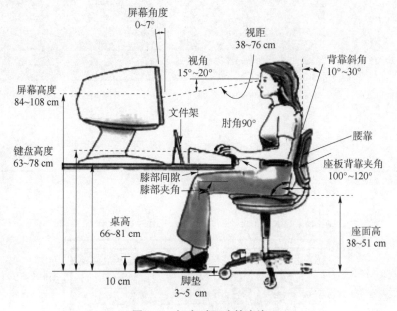

图 2.2　打字时正确的坐姿

2. 打字常识

选择图 2.1 窗口里的"新手入门"，自行学习打字常识，熟习字母键位、数字键位、符号键位及键位纠错，如图 2.3 所示。

3. 指法练习

保持打字的正确坐姿，按照图 2.4 所示进行正确的指法练习。

4. 学习中文的基本输入知识

（1）系统自带的输入法：全拼、双拼、智能 ABC、王码五笔。

（2）推荐使用的输入法。拼音：搜狗拼音、QQ 拼音、紫光拼音、拼音加加；五笔：搜狗五笔、万能五笔、极品五笔 。

（3）基本输入技巧。上下翻页：PageUp（-）、PageDown（+）；单引号"'"：可以进行各汉字拼音的分隔，如 qie（且），qi'e（企鹅）。

中括号"［］"：可以进行词组的前后字选择，如输入 women，按"］"得到"们"。

特殊字音：如"绿"，拼音为"lv"。

特殊符号：字母"v"＋数字。

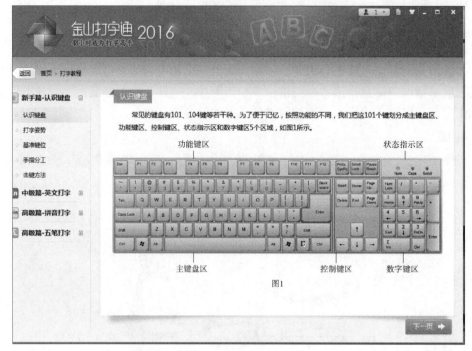

图 2.3　打字常识

图 2.4　指法练习

（4）认识输入法图标，如图 2.5 所示。

图 2.5　输入法图标

①输入法标识，显示该时刻的输入状态为中文或英文，按"Caps Lock"键可进行切换。

②数字符号的全/半角切换，快捷键为"Shift"＋"Space"。

③标点符号的全/半角切换，快捷键为"Ctrl"＋"."。

④软键盘。

中英文快速切换时快捷键为"Ctrl"＋"Space"；所有输入法之间的顺序循环切换，其快捷键为"Ctrl"＋"Shift"。

实验二　Windows 7 基本操作

一、实验目的

（1）掌握鼠标的常用操作。

（2）熟悉 Windows 7 桌面环境、任务栏和开始菜单。

（3）掌握 Windows 7 基本窗口、菜单和对话框的操作。

二、实验内容

（1）桌面操作：自定义桌面、设置桌面背景、设置屏幕保护程序、设置屏幕分辨率。

（2）任务栏操作：自动隐藏任务栏、显示快速启动、分组相似任务栏。

（3）开始菜单操作：自定义开始菜单。

（4）窗口的操作：最大化、最小化、还原、关闭窗口，窗口移动。

三、实验步骤

（一）桌面操作

1. 自定义桌面

操作步骤如下：

（1）在桌面空白处单击右键，选择"个性化"，出现"控制面板主页"窗口，如图 2.6 所示。

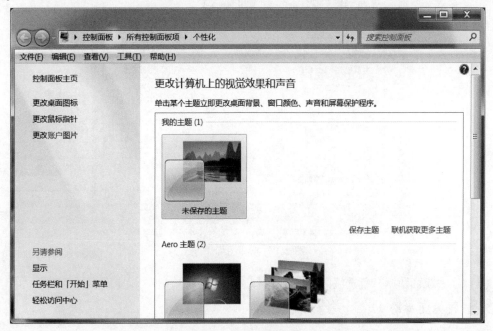

图 2.6　控制面板主页

（2）在"控制面板主页"窗口中选择"更改桌面图标"选项卡，如图 2.7 所示。

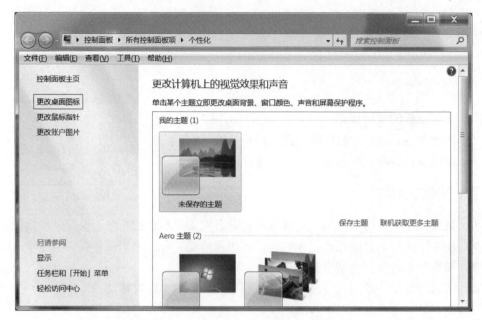

图 2.7　选择"更改桌面图标"选项卡

（3）弹出"桌面图标设置"窗口，如图 2.8 所示。

图 2.8　桌面图标设置

（4）在"桌面图标"复选区内选中或去掉相应的项目，单击"确定"按钮后观察桌面变化。

2. 设置桌面背景

操作步骤如下：

（1）在桌面空白处单击右键，选择"个性化"。

（2）在"控制面板主页"窗口中单击"桌面背景"选项卡，如图 2.9 所示。

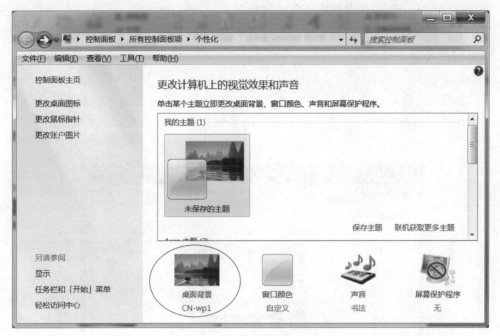

图 2.9　选择"桌面背景"选项卡

（3）单击"桌面背景"选项卡后，弹出如图 2.10 所示界面。

图 2.10　设置桌面

（4）在选择桌面背景列表框中选择一个背景图片（例如 Bliss），或者单击"浏览"按钮选定一个其他的图片文件。

（5）在"位置"下拉列表框中选择"拉伸"。

（6）单击"确定"按钮，选定的图片就会作为桌面的背景添加到桌面上。

3. 设置屏幕保护程序

操作步骤如下：

（1）在桌面空白处单击右键，选择"个性化"。

（2）在"控制面板主页"窗口中单击"屏幕保护程序"选项卡，弹出如图 2.11 所示界面。

图 2.11　屏幕保护程序设置

（3）在"屏幕保护程序"下拉列表框中，选择某一个屏幕保护程序（例如"飞越星空"）。

（4）设置等待时间为 10 min，选中在恢复时使用密码保护。

（5）单击"设置"按钮可以对"飞越星空"进行设置。

（6）单击"确定"按钮，新设置的屏幕保护程序生效。

4. 设置屏幕分辨率

操作步骤如下：

（1）在桌面空白处单击右键，选择"屏幕分辨率"。

（2）先选择显示器类型，再修改分辨率，如图 2.12 所示。

（3）单击"确定"按钮。

图 2.12 屏幕分辨率设置

(二)任务栏操作

1. 自动隐藏任务栏

操作步骤如下：

（1）右键单击任务栏空白处，选择"属性"，打开"任务栏和「开始」菜单属性"对话框，单击"任务栏"选项卡，如图 2.13 所示。

（2）选中"自动隐藏任务栏"复选框。

（3）单击"确定"按钮。

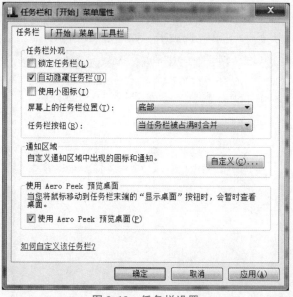

图 2.13 任务栏设置

2. 调整任务栏的位置

操作步骤如下：

（1）右键单击任务栏空白处，选择"属性"，打开"任务栏和「开始」菜单属性"对话框，单击"任务栏"选项卡，如图 2.14 所示。

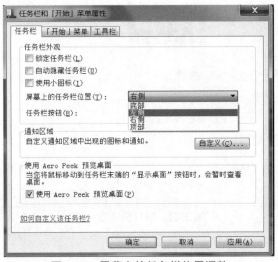

图 2.14　屏幕上的任务栏位置调整

（2）在"屏幕上的任务栏位置"下拉列表框中选择需调整的位置。

（3）单击"确定"按钮。

（三）「开始」菜单操作

1. 自定义「开始」菜单

操作步骤如下：

（1）右键单击任务栏中的开始按钮，选择"属性"，打开"任务栏和「开始」菜单属性"对话框，单击"「开始」菜单"选项卡，如图 2.15 所示。

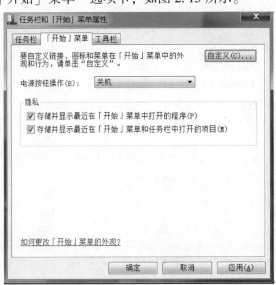

图 2.15　「开始」菜单设置

（2）单击"自定义"按钮，弹出如图 2.16 所示对话框。

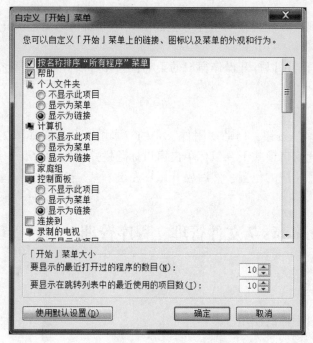

图 2.16　自定义「开始」菜单

（3）分别进行相应设置。

（4）单击"确定"按钮。

（四）窗口的操作

1. 最大化、最小化、还原、关闭窗口

操作步骤如下：

（1）单击"开始"按钮，启动"附件"中的"画图"程序，如图 2.17 所示。

图 2.17　画图程序

（2）单击右上角的三个按钮之一。三个按钮从左到右可以分别实现最小化、最大化、关闭窗口功能。

（3）当最小化到任务栏时，单击任务栏的图表还原窗口；当最大化时，单击右上角中间的按钮还原窗口。

（4）单击左上角，可以打开操作窗口的菜单，同样可以对窗口进行操作。

2. 窗口移动

操作步骤如下：

（1）单击"开始"按钮，启动"附件"中的"画图"程序，如图 2.17 所示。

（2）在非最大化窗口模式下，鼠标单击窗口标题栏并按住鼠标不放。

（3）移动窗口到相应的位置，然后松开鼠标左键。

实验三 Windows 7 文件管理、程序管理、用户管理、DOS 命令

一、实验目的

（1）掌握资源管理器的使用。

（2）熟悉任务管理器。

（3）掌握文件的操作方法。

（4）熟悉控制面板，掌握用户的管理。

（5）熟悉 DOS 命令的使用方法。

二、实验内容

（1）任务管理器操作：打开任务管理器、终止应用程序、结束进程。

（2）文件操作：创建文件夹、创建文件、复制文件、移动文件、删除文件和回收站操作。

（3）用户管理：创建一个标准账户、给账户设置密码。

（4）DOS 命令：打开命令提示符、更改路径、DIR 命令使用。

三、实验步骤

（一）任务管理器操作

1. 打开任务管理器

操作步骤如下：

方法一：右击任务栏空白处，选择"启动任务管理器"，系统打开"Windows 任务管理器"对话框，如图 2.18 所示。

方法二：同时按下"Ctrl"＋"Alt"＋"Del"三个键，弹出"Windows 任务管理器"对话框，如图 2.18 所示。

2. 终止应用程序

操作步骤如下：

（1）打开"Windows 任务管理器"对话框，如图 2.18 所示。

图 2.18　Windows 任务管理器

（2）在"任务"列表中选择要终止的应用程序。

（3）单击"结束任务"按钮。

3. 结束进程

操作步骤如下：

（1）在"Windows 任务管理器"对话框中，单击"进程"选项卡，如图 2.19 所示。

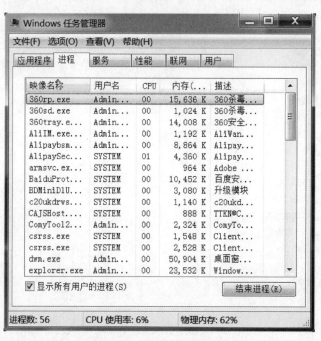

图 2.19　Windows 任务管理器的"进程"选项卡

（2）选择要结束的进程，如"AliIM. exe"。

（3）单击"结束进程"按钮，系统弹出"Windows 任务管理器"警告对话框，如图 2.20 所示。

（4）单击"是"按钮。

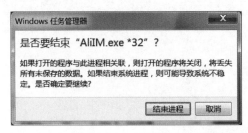

图 2.20　"Windows 任务管理器"警告对话框

（二）文件操作

1. 创建文件夹

操作步骤如下：

（1）打开"资源管理器"（右击桌面上的"开始"菜单，选择"打开 Windows 资源管理器"），如图 2.21 所示。

图 2.21　资源管理器

（2）在左侧的文件夹浏览区中，单击"Win 7（C：）"驱动器。

（3）在右侧的文件浏览区中右击，在弹出的快捷菜单上选择"新建"命令，然后选择"文件夹"，如图 2.22 所示。

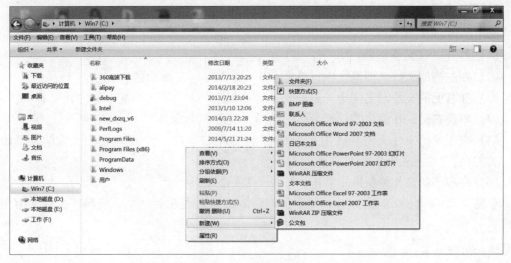

图 2.22　新建文件夹

（4）在右侧的文件浏览区中，出现一个名为"新建文件夹"的新文件夹，输入"大学生活"文件夹名。

（5）双击"大学生活"文件夹，重复（3）～（4）步骤建立"大学计算机基础""照片""音乐""英语学习""电影""个人资料"6 个文件夹。

2. 创建文件

操作步骤如下：

（1）打开"资源管理器"。

（2）在左侧的文件夹浏览区中，单击"Win 7（C：）"驱动器。

（3）在右侧的文件浏览区中右击，在弹出的快捷菜单上选择"新建"命令，在下一级菜单中选择"Microsoft Office Word 文档"，如图 2.23 所示。

图 2.23　新建类型选择

（4）在右侧的文件浏览区中，出现一个名为"新建 Microsoft Office Word 文档"的 Word 文档，将其名称改成"个人简介"。

（5）重复（3）～（4）步骤，新建"我爱农大""农大风光"两个 Word 文档。

3. 复制文件

操作步骤如下：

（1）打开"资源管理器"。

（2）在左侧的文件夹浏览区中，单击"Win 7（C：）"驱动器。

（3）在右侧的文件浏览区中，右击要复制的文件"个人简历"Word 文档。

（4）单击右键，在弹出的快捷菜单中选择"复制"命令。

（5）在左侧的文件夹浏览区中，依次单击"Win 7（C：）"驱动器、"大学计算机基础"文件夹、"个人资料"文件夹。

（6）在右侧的文件浏览区中右击，选择"粘贴"命令。

重复（2）～（6）步骤，把"我爱农大"Word 文档复制到"个人资料"文件夹中。

4. 移动文件

操作步骤如下：

（1）打开"资源管理器"。

（2）在左侧的文件夹浏览区中，单击"Win 7（C：）"驱动器。

（3）在右侧的文件浏览区中，右击要移动的文件"我爱农大"Word 文档。

（4）在弹出的快捷菜单中选择"剪切"命令。

（5）在左侧的文件夹浏览区中，依次单击"Win 7（C：）"驱动器、"英语学习"文件夹、"电影"文件夹。

（6）在右侧的文件浏览区中右击，选择"粘贴"命令。

5. 删除文件和回收站操作

操作步骤如下：

（1）打开"资源管理器"。

（2）在左侧的文件夹浏览区中，依次单击"Win 7（C：）"驱动器、"大学计算机基础"文件夹、"个人资料"文件夹。

（3）在右侧的文件浏览区中，右击要删除的文件"个人简历"Word 文档。

（4）在弹出的快捷菜单中选择"删除"命令，弹出如图 2.24 所示的对话框。

图 2.24 确认文件删除

（5）单击"是"按钮。

（6）双击桌面上的"回收站"图标，发现刚删除的文件在其中，如图 2.25 所示。

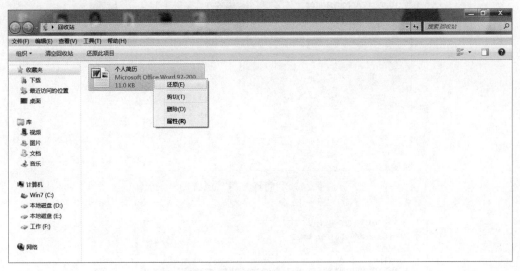

图 2.25　回收站

（7）选中刚删除的文件，右击，选择"还原"命令，发现刚删除的文件重新恢复了。

（8）重复（2）～（5）步骤，再次删除文件。

（9）右击"回收站"图标，单击"清空回收站"命令彻底删除文件。

（三）用户管理

1. 创建一个标准账户

操作步骤如下：

（1）单击"开始"菜单，选择"控制面板"，系统弹出"所有控制面板项"窗口。

（2）在"控制面板"窗口中，单击"用户账户"，系统弹出"用户账户"窗口，如图 2.26 所示。

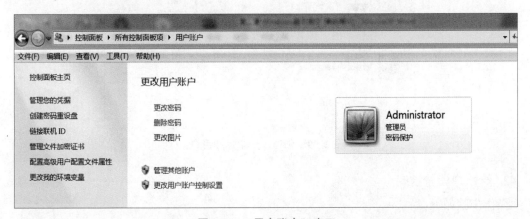

图 2.26　"用户账户"窗口

（3）单击"管理其他账户"，出现"管理账户"窗口，如图 2.27 所示。

（4）在"管理账户"窗口中，单击"创建一个新账户"，创建新账户窗口如图 2.28 所示。

图 2.27 "管理账户"窗口

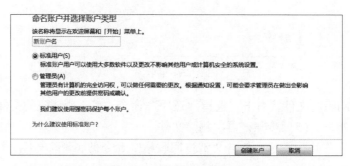

图 2.28 创建新账户窗口

（5）输入一个新账户名"jxau"，然后选中"标准用户"单选按钮。

（6）单击"创建账户"按钮，就创建了一个名为"jxau"的标准用户，如图 2.29 所示。

图 2.29 创建了一个标准用户

2. 给账户设置密码

操作步骤如下：

（1）单击"开始"菜单，选择"控制面板"，系统弹出"所有控制面板项"窗口。

（2）在"控制面板"窗口中，单击"用户账户"，系统弹出"用户账户"窗口。

（3）单击"管理其他账户"，出现"管理账户"窗口

（4）双击账户"jxau"，出现更改账户窗口，如图 2.30 所示。

图 2.30　更改账户窗口

（5）在新弹出的窗口中，单击"创建密码"命令，根据提示输入密码。

（6）单击"创建密码"按钮。

（四）查看 IP 地址

操作步骤如下：

（1）右击桌面上的"网络"图标，选择"属性"，打开"网络和共享中心"窗口，如图 2.31 所示。

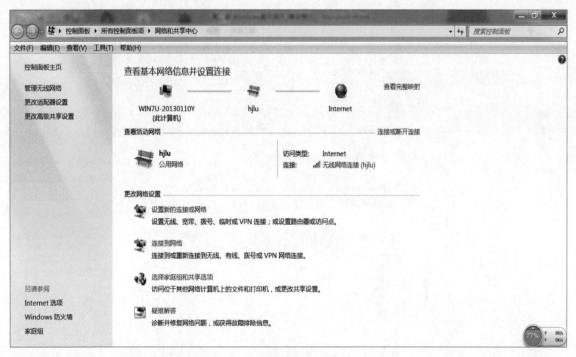

图 2.31　网络和共享中心

（2）单击"无线网络连接"，如图 2.32 所示。

（3）弹出"无线网络连接状态"窗口，如图 2.33 所示。

（4）单击"详细信息"按钮，弹出"网络连接详细信息"窗口，如图 2.34 所示，从中可以得到该台电脑的 IP 地址。

图 2.32　选择网络连接

图 2.33　"无线网络连接状态"窗口

图 2.34　网络连接详细信息

（五）软件的卸载

操作步骤如下：

（1）单击"开始"菜单，选择"控制面板"，系统弹出"所有控制面板项"窗口。

（2）单击"程序和功能"选项，进入"程序和功能"窗口，如图 2.35 所示。

图 2.35　"程序和功能"窗口

（3）选中"360 安全浏览器"，选择"卸载/更改"选项中的"卸载"，弹出卸载窗口，如图 2.36 所示。

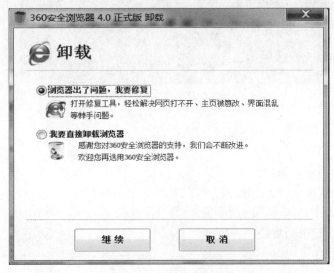

图 2.36　程序卸载窗口

（4）选中"我要直接卸载浏览器"单选按钮，并单击"继续"按钮，将弹出确认窗口，如图 2.37 所示。

（5）单击"确定"按钮，程序将彻底被卸载。

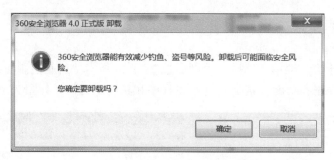

图 2.37　卸载程序确认窗口

（六）DOS 命令

1. 打开命令提示符

操作步骤如下：

（1）单击"开始"菜单。

（2）在弹出的菜单中，依次选择"所有程序"→"附件"→"命令提示符"，弹出如图 2.38 所示的窗口。

图 2.38　命令提示符

2. 更改路径

操作步骤如下：

（1）打开命令提示符窗口。

（2）在光标位置输入 CD .. 返回上一级目录。

（3）继续输入 CD \ ，返回到当前驱动器根目录。

（4）输入 D:，转换当前路径为驱动器 D:。

3. DIR 命令使用

操作步骤如下：

（1）打开命令提示符窗口。

（2）输入 DIR/?，查看 DIR 命令的帮助信息。

（3）输入 DIR，列出当前目录所有文件和文件夹。

（4）输入 DIR/AD，只列出当前目录的文件夹。

第3章

Word 2016 电子文档的制作与编辑

实验一 电子文档的基本制作与编辑

一、实验目的

(1) 掌握 中文 Word 2016 文本编辑的基本方法。

(2) 掌握 Word 文档中字体、段落、分栏、文字替换等设置操作。

二、实验内容

(1) 编辑 Word 文字并保存命名。

(2) 对 Word 文档的字体、段落、分栏等进行设置。

(3) 在 Word 中插入图片并进行图文混排。

三、实验步骤

1. 文档编辑与保存

> 计算机不但具有高速运算能力、逻辑分析和判断能力、海量的存储能力，同时还有快速、准确、通用的特性，使其能够部分代替人类的脑力劳动，并大大提高工作效率。目前，电子计算机的应用可以说已经进入了人类社会的各个领域。
>
> 数值计算也称科学计算，主要涉及复杂的数学问题。在这类计算中，计算的系数、常数和条件比较多，具有计算量大、计算过程繁杂和计算精度要求高等特点。数值计算在现代科学研究中，尤其在尖端科学领域里极其重要。
>
> 数据处理也称事务处理，泛指非科技工程方面的所有任何形式的数据资料的计算、管理和处理。它与数值计算不同，它不涉及大量复杂的数学问题，只是要求处理的数据量极大，时间性很强。目前，计算机数据处理应用已非常普遍。

在 Word 中输入上述文字，保存文档名为"练习 1. docx"，并关闭文档。

操作步骤：新建一个空白 Word 文档，输入文字，然后单击"保存"命令，将文件名命名为"练习 1. docx"并关闭文档。

2. 格式排版

（1）打开"练习1.docx"文档，为文档增加标题文字"计算机的应用领域"。

（2）"计算机的应用领域"设置为"标题3"样式、居中；将其中文字"计算机的"设置为红色、字符间距加宽2磅、文字提升2磅、加着重号；将标题中"应用领域"文字设置为二号。为整个标题"计算机的应用领域"加填充色为"浅灰色，背景2，深色10%"的底纹。

操作步骤：在文档的第一行输入标题文字"计算机的应用领域"，选中该标题，选择"开始"→"标题3"→"居中"图标，如图3.1所示。

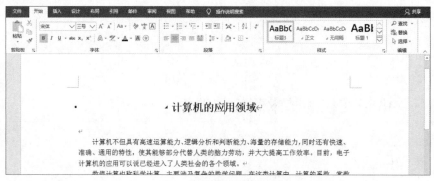

图3.1　设置标题格式

选中文字"计算机的"，单击"开始"→"字体图标"，将字体设置为红色，如图3.2所示。

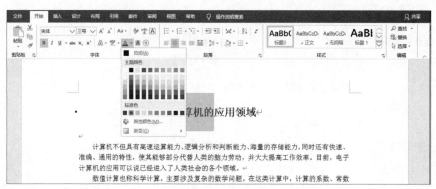

图3.2　设置字体颜色

选择"字符间距"图标→"字符缩放"→"其他"选项，如图3.3所示。

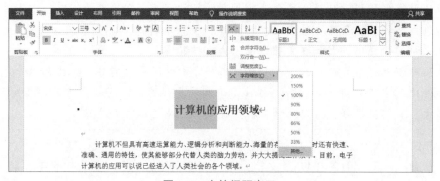

图3.3　字符间距窗口

进入"高级"界面将"间距"加宽 2 磅，"位置"提升 2 磅，如图 3.4 所示；然后切换到"字体"选项卡，选择添加"着重号"，而后单击"确定"按钮，如图 3.5 所示。

图 3.4　字体设置窗口（一）

图 3.5　字体设置窗口（二）

选中"应用领域"，单击"开始"选项卡，选择字体为二号，如图 3.6 所示。

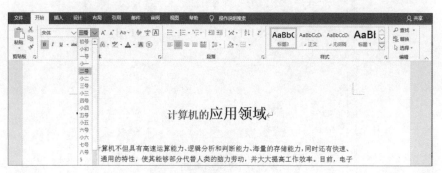
图 3.6　字体设置窗口（三）

选中整个标题，单击"填充色"图标，选择"浅灰色，背景 2，深色 10%"进行设置，如图 3.7 所示。

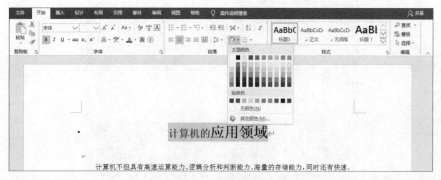
图 3.7　底纹设置窗口

（3）设置正文各段，段前间距0.5行，段后间距1行，首行缩进2字符，单倍行间距。

操作步骤：选中正文，选择"行间距"→"行距选项"（或在右键菜单中选择"段落"）选项，如图3.8所示。

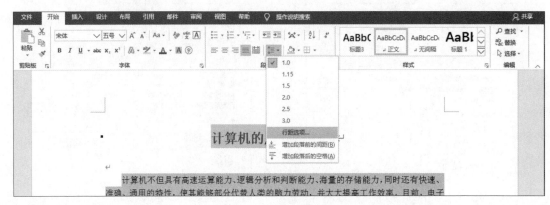

图 3.8　行距设置窗口

进入"缩进和间距"界面，选择"特殊"格式为首行缩进2字符，"间距"设置为段前0.5行、段后1行，"行距"为"单倍行距"，如图3.9所示。

图 3.9　段落设置窗口

（4）正文第 1 段设置为楷体、四号；文字"海量的存储"添加 1 磅单线边框；文字"电子计算机的应用可以说已经进入了人类社会的各个领域。"加宽 1.5 磅、文字提升 1 磅、加着重号。将正文第一段前两个字"计算"设置为首字下沉，下沉行数 2 行，距正文 0 厘米。

操作步骤：选中正文第一段，设置为楷体、四号，如图 3.10 所示。

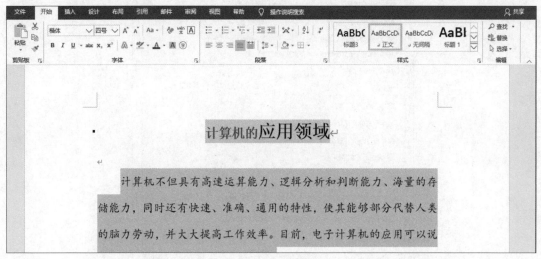

图 3.10　字体设置

选中"海量的存储"，单击"开始"→"边框"→"边框和底纹"，选择"方框""1.0磅""实线"，如图 3.11 所示。

图 3.11　边框设置窗口

选中"电子计算机的应用可以说已经进入了人类社会的各个领域。"，选择"字符间距"图标→"字符缩放"→"其他"选项。

进入"高级"界面将"间距"加宽 1.5 磅，"位置"提升 1 磅，如图 3.12 所示；然后切换到"字体"选项卡，选择添加"着重号"，而后单击"确定"按钮。

图 3.12　字体设置窗口

选中首字"计算"，单击"插入"→"首字下沉"按钮，选择"首字下沉"选项，设置位置为"下沉"，下沉行数为 2 行，距正文 0 厘米，如图 3.13 所示。

图 3.13　首字下沉设置窗口

（5）利用格式刷，将正文第二段中所有文字"计算"的格式设置为红色、加粗。

操作步骤：选定第二段中的"计算"文字，设置为红色，加粗，双击"开始"菜单下的格式刷，在第二段中其他"计算"中间单击鼠标左键。（思考：如何使用查找/替换功能完成该操作？）

（6）将第三段前加实心菱形项目符号，整段文字字符间距加宽 4 磅，对文字加单线下划线。

操作步骤：将光标放在第三段，单击"项目符号"，在项目符号库中选择"菱形"图标，如图 3.14 所示。

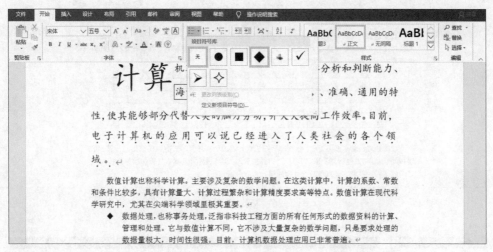

图 3.14　项目符号设置窗口

选择整段文字，进入"字符间距"设置界面，将字符间距设置为加宽 4 磅；再单击"下划线"图标，为选定的文字添加下划线，如图 3.15 所示。

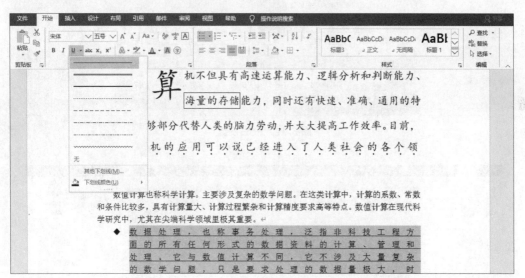

图 3.15　下划线设置窗口

（7）复制第三段，只保留文本，形成第四段并分成两栏。

操作步骤：选中第三段文本，单击右键选择"复制"命令，在第三段后空白处单击"粘贴"下拉按钮，单击粘贴选项中的"只保留文本"按钮，如图 3.16 所示。

选中文本，单击"布局"→"分栏"，选择"两栏"，如图 3.17 所示。

（8）将所有文字"计算机"替换为"微型计算机"。

操作步骤：单击"开始"→"替换"命令，弹出"查找和替换"对话框，完成用"微型计算机"替换"计算机"的操作，如图 3.18 所示。

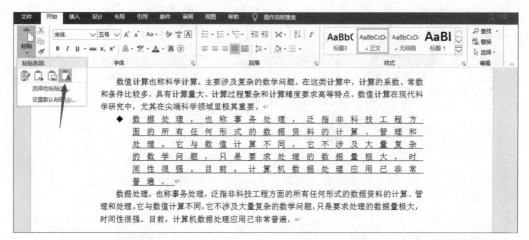

图 3.16　粘贴复制文本

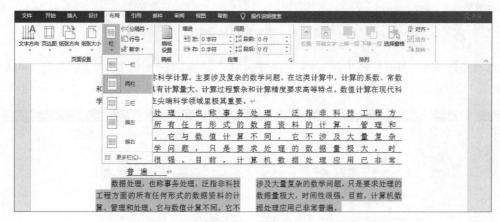

图 3.17　分栏设置

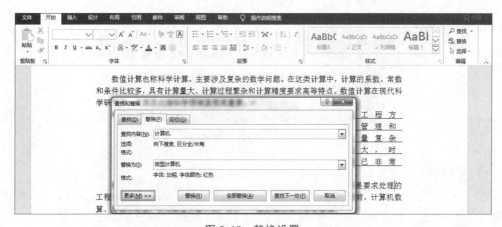

图 3.18　替换设置

（9）在文档末尾插入当前日期，格式如"2019 年 9 月 28 日星期二"，位置居右。

操作步骤：在文档中单击"插入"菜单中的"日期和时间"按钮，选定要插入的日期和时间格式，即可插入当前日期和时间，而后将该日期和时间设置右对齐格式，如图 3.19 所示。

图 3.19　插入日期设置

（10）在第一段中插入任一图片，并设置图文混排版式为紧密型。

操作步骤：单击"插入"菜单中的"图片"按钮，然后选中一幅图片插入文档中，如图 3.20 所示。

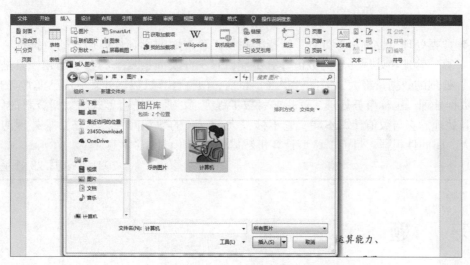

图 3.20　插入图片

选中插入的图片，在"格式"菜单中单击"环绕文字"→"紧密型环绕"，如图 3.21 所示。

图 3.21　图文混排版式设置

经上述格式排版以后，最终效果如下：

数值计算也称科学计算，主要涉及复杂的数学问题。在这类计算中，计算的系数、常数和条件比较多，具有计算量大、计算过程繁杂和计算精度要求高等特点。数值计算在现代科学研究中，尤其在尖端科学领域里极其重要。

完成后的文档样张如下：

微型计算机的应用领域

计算机不但具有高速运算能力、逻辑分析和判断能力、海量的存储能力，同时还有快速、准确、通用的特性，使其能够部分代替人类的脑力劳动，并大大提高工作效率。目前，电子微型计算机的应用可以说已经进入了人类社会的各个领域。

◆ 数据处理，也称事务处理，泛指非科技工程方面的所有任何形式的数据资料的计算、管理和处理。它与数值计算不同，它不涉及大量复杂的数学问题，只是要求处理的数据量极大，时间性很强。目前，微型计算机数据处理应用已非常普遍。

数据处理，也称事务处理，泛指非科技工程方面的所有任何形式的数据资料的计算、管理和处理。它与数值计算不同，它不涉及大量复杂的数学问题，只是要求处理的数据量极大，时间性很强。目前，微型计算机数据处理应用已非常普遍。

2021 年 9 月 28 日星期二

习　题

请对文档"养殖家族新秀——淡水鲨鱼"完成以下操作：

（1）将第一段内容（标题）设置成黑体三号字、居中、蓝色字。

（2）将第二段内容设置成宋体小四号字，首行缩进 0.85 厘米，段前段后各 6 磅，1.5 倍行距。

（3）将第三段内容设置成楷体小四号字，悬挂缩进 0.85 厘米，1.5 倍行距。

（4）将第三段中的所有文字"养殖"设置成粗体红色字且加波浪下划线。

（5）在正文第一段左侧设置竖排文本框，文本框中的文字是"淡水鲨鱼"，字体为隶书二号字，文本框填充为黄色，文字为绿色，环绕方式为四周型，阴影为样式 2，文本框边线颜色为橘黄、虚实为方点、粗细为 3 磅。

养殖家族新秀——淡水鲨鱼

淡水鲨鱼是朝阳水产科技园 1999 年从国外引进的淡水养殖新品种，已被市农委定为本市重点推广养殖品种。其原产于马来西亚、泰国等地，又名巴丁鱼，体色有黑、白两种。在我国，黑色的俗称淡水青鲨，白色的俗称淡水白鲨。据朝阳水产科技园的专业人员介绍，淡水鲨鱼具有多方面的优良性状。首先，它具有优美的外形，背部有明显隆起，腹部圆，头部呈圆锥形，体表光滑无鳞。东南亚国家不仅将其作为重要的垂钓鱼类，而且还将其鱼苗作为热带观赏鱼出口。其次，淡水鲨鱼生存栖息于水体的中下层，抗低氧能力很强，其适应能力和抗病能力均比其他鱼类强。此外，淡水鲨鱼的食性十分杂，在自然条件下，以水中各种腐败动物尸体及植物碎屑为食；在人工养殖条件下，食用豆饼、米糠、玉米、鱼粉等配制的人工饲料即可。其生长迅速，2~3 厘米的鱼苗当年就能长到 1~1.5 公斤。淡水鲨鱼的肉味儿鲜美可口，无肌间刺，被东南亚及我国的香港地区视为名贵食用鱼。因此，淡水鲨鱼具有很高的经济价值。

据了解，朝阳水产科技园从 1999 年开始搞淡水鲨鱼试养，到今年已养殖鱼苗 15 万尾。但由于淡水鲨鱼属热带鱼类，其抗低温能力差，养殖适温为 20~30 ℃，水温下限为 12 ℃，因此，其鱼苗在北方地区不能自然越冬，养殖户只能引进鱼种进行养殖，为京郊的垂钓渔业增添一个新的品种。目前，科技园的有关科研人员正加紧对鱼苗的繁育问题进行攻关，以期降低养殖成本，1~2 年后有望大面积推广养殖。

实验二　文档制作表格、公式编辑、图表操作

一、实验目的

（1）掌握 Word 中文本表格编辑的基本方法。
（2）掌握 Word 中表格的插入、编辑以及与文本之间的转换等操作。
（3）掌握 Word 中表格的制作、排版和艺术字的编辑等。
（4）掌握 Word 中公式的编辑使用。

二、实验要求

（1）在 Word 文档中按照要求添加表格，输入相应内容。
（2）在表格中进行合并单元格以及添加、删除的设置。
（3）在 Word 中进行公式的编辑使用。
（4）在 Word 中按照要求绘制图形并设置文字。

三、实验步骤

1. 创建和编辑表格

（1）创建如下表格（见表 3.1），并存为"12. docx"。

表 3.1　学生成绩表样式

姓名	数学	物理	英语
李希	88	75	85
张平	95	78	80
赵元	75	80	77
王启	77	80	76
肖娜	76	75	80
金力	60	70	67

操作步骤：单击"插入"→"表格"→"插入表格"，将表格设定为 4 列 7 行，如图 3.22 所示。

图 3.22　插入表格

填充内容，选定内容，选择居中对齐，如图 3.23 所示；单击"文件"→"保存"按钮，并命名为"12.docx"。

姓名	数学	物理	英语
李希	88	75	85
张平	95	78	80
赵元	75	80	77
王启	77	80	76
肖娜	76	75	80
金力	60	70	67

图 3.23　填入表格内容

（2）在表格右边插入一列，列标题为"总分"；表格最后增加一行，行标题为"平均分"。

操作步骤：将光标定位到表格最后一列，在表格工具中选择"布局"→"在右侧插入"命令，效果如图 3.24 所示，然后编辑内容；将光标定位到表格最后一行，单击"在下方插入"，并编辑内容。

姓名	数学	物理	英语	
李希	88	75	85	
张平	95	78	80	
赵元	75	80	77	
王启	77	80	76	
肖娜	76	75	80	
金力	60	70	67	

图 3.24　表格布局设置窗口

（3）删除"金力"所在行。

操作步骤：将光标定位于"金力"所在行，在布局中选择"删除"→"删除行"命令，如图 3.25 所示。

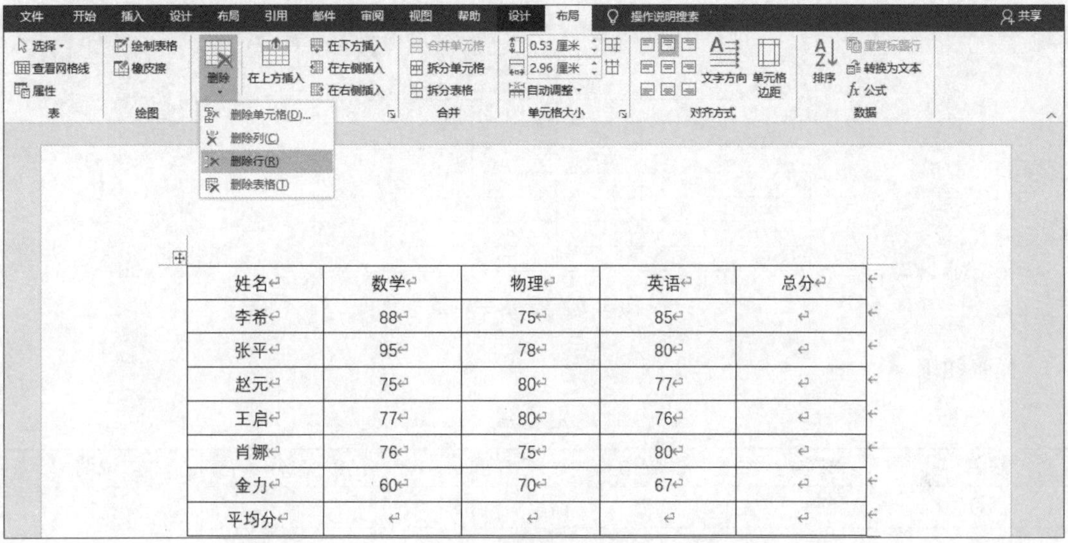

图 3.25　表格删除设置

（4）在"总分"列右侧插入一列，列标题为"说明"，合并该列的其他单元格。

操作步骤：在"总分"后面选择"在右侧插入"命令并编辑内容；选定除"说明"以外的其他单元格，选择"合并单元格"命令，效果如图 3.26 所示。

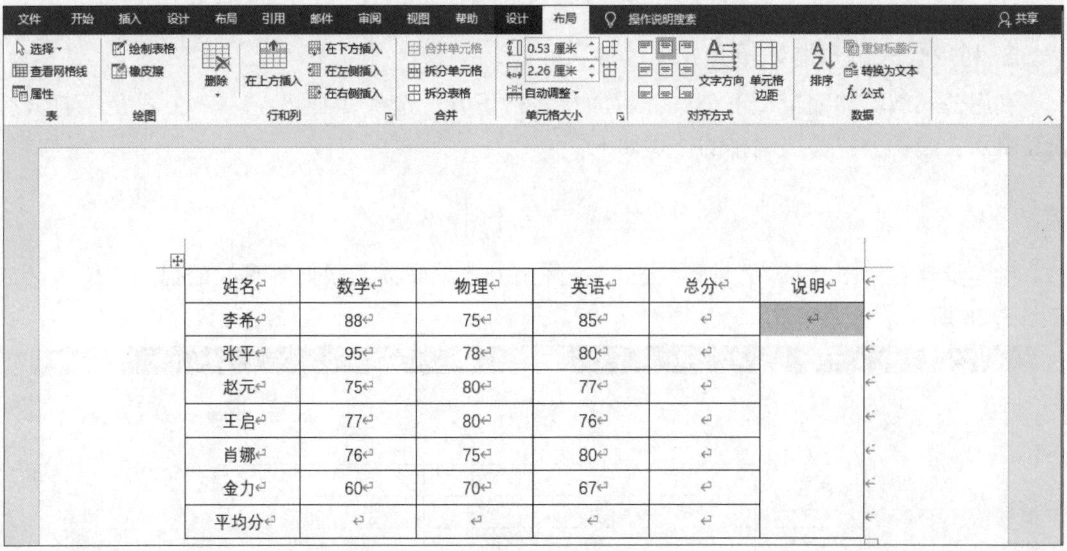

图 3.26　表格合并单元格设置

（5）加入标题艺术字"成绩表"。

操作步骤：选定标题位置，选择"插入"→"艺术字"选项，如图 3.27 所示。选定任一艺术字样式，输入内容，单击"确定"按钮，然后再将艺术字居中。

图 3.27 艺术字设置

样张如下:

成绩表

姓名	数学	物理	英语	总分	说明
李希	88	75	85		
张平	95	78	80		
赵元	75	80	77		
王启	77	80	76		
肖娜	76	75	80		
平均分					

2. 利用公式编辑器编辑公式

利用公式编辑器编辑以下公式,附加在表格下方。选择"插入"→"公式"→打开公式编辑器,编排公式,要编排的公式如下:

$$(x + a)^3 = \sum_{k=0}^{n} \binom{n}{k} x^3 a^{n-1}$$

操作步骤:单击"插入"→"公式",弹出公式编辑器,根据工具栏的提示,输入公式如图 3.28 所示。

图 3.28 公式编辑器设置

3. 绘制图形

利用绘图工具，绘制以下图形。

操作步骤：

（1）绘制禁止符，添加文字"禁止通行"，设置"禁止符"为阴影样式 1，无线条。

在菜单栏中单击"插入"→"形状"→选择禁止符，单击鼠标右键，选择"添加文字"命令，如图 3.29 所示。

图 3.29　在图形中添加文字

添加"禁止通行"文字，然后再单击右键，选择"设置形状格式"命令，在填充与线条选项中，线条选择"无线条"，在效果选项中，设置阴影效果为"预设"→"偏移：右下"，如图 3.30 所示。

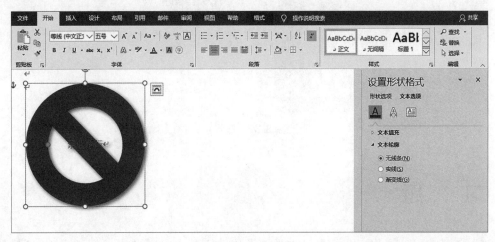

图 3.30　图形设置

（2）绘制笑脸：插入形状中的笑脸，并设置笑脸背景色为红色，边框线为虚线 2.25 磅粗、黑色。

在菜单栏中单击"插入"→"形状",选择笑脸进行绘制,完成后,单击右键,选择"设置形状格式",设置线型为"虚线",大小为"2.25磅",颜色为黑色,如图3.31所示。

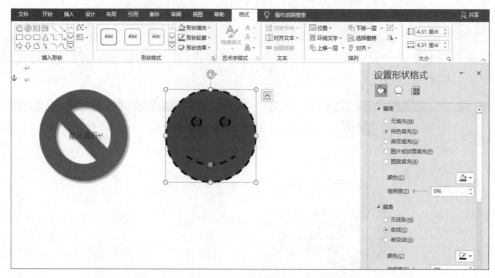

图3.31 图形线型设置

(3)绘制立方体,并设置立方体为灰色。

在"形状"中选择"立方体"图形,绘制完后,单击右键,选择"设置形状格式"命令,设置填充色为"浅灰色,背景2,深色10%"。

样张如图3.32所示。

图3.32 样张

习 题

(1)设计自己的课程表。将自己本学期课表填入其中(单独占一页,用A4纸横排),其中表标题为黑体3号字,段前空0.5行,段后空1行。

(2)在课程表后插入一个分节符(下一页),制作学生个人信息表(见表3.2)。独占一页,竖排。

表 3.2　学生个人信息表

姓名		学号			性别		一寸蓝底彩照
年级专业			民族		籍贯		
出生日期				政治面貌			
身份证号码				身高（cm）			
血型		联系电话		爱好、特长			
工作单位					单位电话		
家庭详细地址					邮政编码		
					家庭电话		

个人简历	起止年月		在何处		职务	

家庭成员情况	称呼	姓名	年龄	在何处工作	职务	联系方式

备注	

（3）自选图形绘制。

利用 Word 提供的自选图形功能，完成图 3.33 的绘制。

这里要特别注意以下几点：

①虚线圆弧的画法；

②斜线上剪头的画法；

③如何在一张 A4 纸的约 1/4 幅面上画下这个图形；

④如何在尽可能小的椭圆中装下尽可能多的文字。

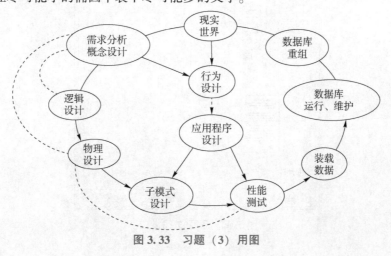

图 3.33　习题（3）用图

实验三　综合文档制作及图文混排

一、实验目的

掌握中文 Word 文本综合编辑的方法。

二、实验内容

（1）掌握图文混排以及整篇文档的编辑等的操作方法。

（2）对一篇论文进行全文排版。

三、实验步骤

1. 论文的页面设置

页边距：上：2.5 厘米，下：2.5 厘米，左：2.8 厘米，右：2.5 厘米。

操作步骤：选择菜单栏中的"布局"→"页边距"→"自定义页边距"选项，对页面进行相应设置，如图 3.34 所示。

2. 论文的格式设置

（1）页面和页码：正文行间距 22 磅，页眉页脚 1.5 厘米，页码设置为下方居中；并按照格式要求设置字体。

操作步骤：单击菜单栏中的"开始"菜单，再单击"行间距"图标→"行距选项"，将行距设置为"最小值" 22 磅，如图 3.35 所示。

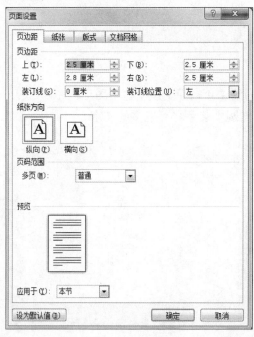

图 3.34　页面布局窗口

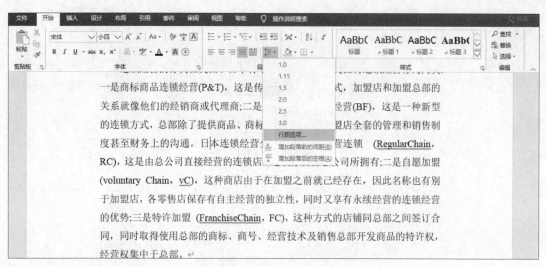

图 3.35　行距设置窗口

单击菜单栏中的"插入"→"页眉"按钮，选择"编辑页眉"，在页眉"设计"选项卡中对页眉页脚进行距离设置，如图 3.36 所示。

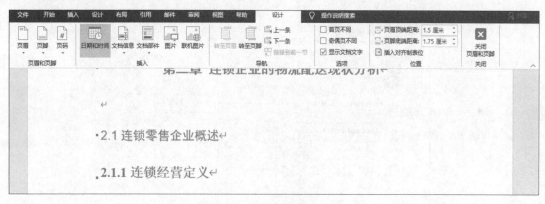

图 3.36　编辑页眉窗口（一）

单击菜单栏中的"插入"→"页码"→"页面底端"按钮，选择页码样式为"普通数字 2"，即页码在页面底端居中，如图 3.37 所示。

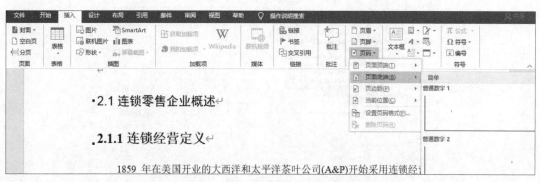

图 3.37　编辑页码窗口（二）

设置摘要页码时，需设置罗马数字，可选择"插入"→"页码"→"设置页码格式"选项，弹出图 3.38 所示窗口进行设置。

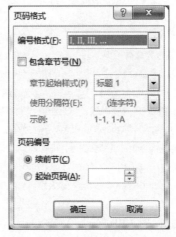

图 3.38 "页码格式"窗口

选择需要设置的字体，进行大小、颜色、字体设置，如图 3.39、图 3.40 所示。

图 3.39 首页字体设置

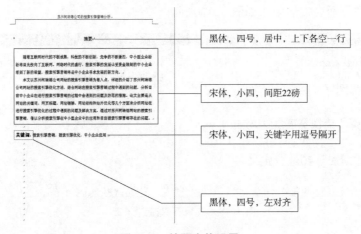

图 3.40 摘要字体设置

（2）目录：目录（黑体，三号，居中）。

（空一行）

1　××××××××（黑体，小四号，顶头，题号与文字间空半字）…………

1.1　×××××××（宋体，小四号，开头空一字，题号与文字间空半字）…

1.1.1　×××××××（宋体，小四号，开头空二字，题号与文字间空半字）…

1.1.2

……

2　×××

……

……

（根据论文情况决定是否添加注释，若添加则在参考文献前）

参考文献（黑体，小四号，顶头）……………………………………………………

附录（黑体，小四号，顶头）………………………………………………………

致谢（黑体，小四号，顶头）………………………………………………………

操作步骤：选定正文标题，单击鼠标右键，选择"段落"，将所有一级标题大纲级别设置为 1 级，二级标题大纲级别设置为 2 级，以此类推，如图 3.41 所示。

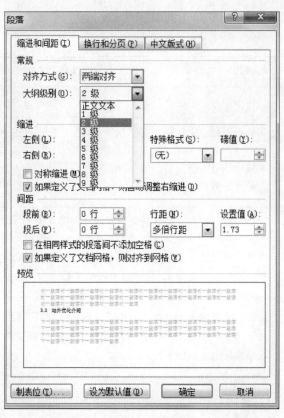

图 3.41　段落设置

单击"引用"→"目录"，选择目录样式，系统将自动生成目录；再根据要求对字体进行设置，摘要用罗马数字标记页码，正文用阿拉伯数字标记页码。目录设置如图 3.42 所示。

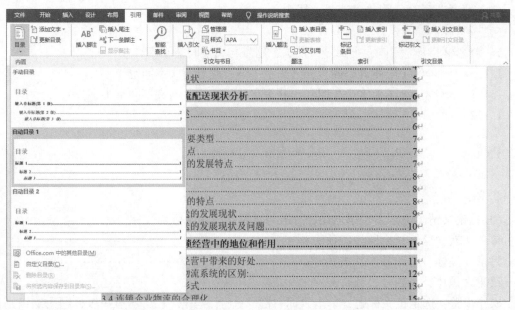

图 3.42　目录设置

（3）字体和段落、图表的插入和图释说明（见表 3.3）。

表 3.3　论文格式要求表

一级标题	1　××	黑体四号，左顶格，数字与文字间空两格，上下空一行，自占一行
二级标题	1.1　××	黑体小四号，左顶格，数字与文字间空两格，自占一行
三级标题	1.1.1 ××	宋体小四号，左顶格，数字与文字间空两格，自占一行
四级标题	1.1.1.1 ×××	宋体小四号，左顶格，数字与文字间空两格，自占一行。可根据内容需要确定是否设置四级标题
段落文字		宋体小四号，左空两格起段落，数字与英文用 Times New Roman 小 4 号
图序、图名	图 1 ××××	图序、图名置于图下方，宋体五号居中；资料来源另起一行，宋体五号，居中，数字与英文用 Times New Roman 5 号
表序、表名	表 1 ×××××	表序、表名置于表上方，宋体五号居中；资料来源在表下方，另起一行，宋体五号，与表格左列排齐或左顶格，数字与英文用 Times New Roman 5 号，表格内段落为单倍行距

操作步骤：根据要求对各级标题进行设置，如图 3.43 所示。

插入图片时，图片单独占行，大小适中，图片名字置于图片下方，居中，资料来源另起一行，居中。其效果如图 3.44 所示。

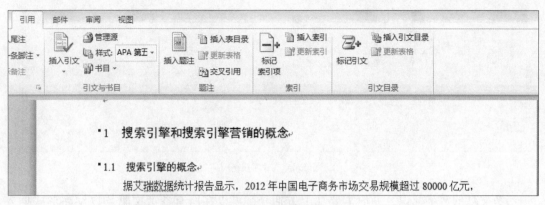

图 3.43　标题设置

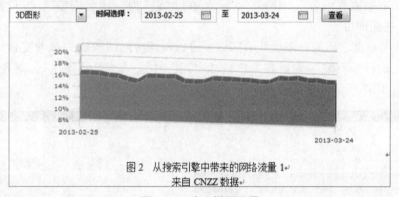

图 3.44　论文插图设置

插入表格，表格独立占行，大小适中，表格使用三线表。表名置于表的上方，表名居中，内容行距为单倍；资料来源在表下方，另起一行，宋体五号，与表格左列排齐或左顶格。其效果如图 3.45 所示。

表 3-1　学生表

字段名称	类型	宽度
学号	文本	9
姓名	文本	8
性别	文本	2
年龄	日期/时间	
照片	OLE	

图 3.45　论文表格设置

（4）参考文献的设置，使用脚注和尾注。

操作步骤：选择需要插入参考文献的地方，单击菜单栏中的"引用"→"插入尾注"，则正文中该处会自动按顺序插入尾注序号，并且光标转到文章最后，可在此处输入对应的参考文献的内容。此时，参考文献上方也会自动插入一条横线分隔正文与尾注。如图 3.46所示。

图 3.46 尾注设置

参考文献的数字标识，一般需要加上方括号，可以在所有参考文献均以尾注形式插入后，使用查找/替换功能，一次性完成修改。通过快捷键"Ctrl"+"H"打开"查找和替换"对话框，在"查找内容"中输入"^e"，在"替换为"内容中输入"［^&］"，单击"全部替换"按钮即可。

现在尾注与正文之间为一条横线分隔线，可以将该分隔线改成"参考文献"。在菜单栏"视图"中，选择"草稿"，而后在菜单栏"引用"中选择"显示备注"，则光标定位到尾注区域，如图 3.47 所示，然后选择"尾注分隔符"。

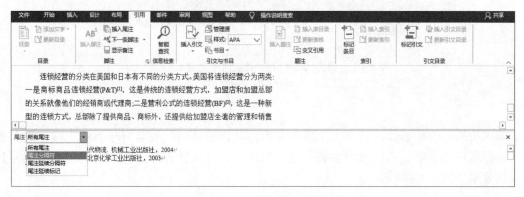

图 3.47 修改尾注分隔符

切换至尾注分隔符区域后，将尾注分隔符删除，换成"参考文献"，并设置为黑体四号，居左对齐。最后单击菜单栏中的"视图"→"页面视图"切换回常规编辑模式。

思考：现在的设置将使参考文献一定是在论文的最后一部分，如果需要将参考文献部分放到致谢部分前，应该如何操作？

习　题

对给出的原始论文进行排版，排版的要求规范如下所示：

江西农业大学本科毕业论文（设计）撰写格式

一、中文摘要排版规范

（空一行）

摘要（黑体，四号，居中）

（空一行）

内容 ×××××××××××××（宋体，小四号）

（空一行）

关键词：（黑体，四号，左对齐）×××；×××；×××（宋体，小四号）

（空一行）

二、英文摘要排版规范

（空一行）

Abstract（四号，加粗）

（空一行）

（内容）××××××××××（小四号）

（空一行）

Key words：（四号，加粗，左对齐）×××；×××；×××（小四号，小写）

（注：中英文摘要分成两页）

（英文一律采用"Times New Roman"字体，题目较长时可分成 1~3 行居中打印）

三、目录排版规范

目　录（黑体，三号，居中）

（空一行）

1　××××××××（黑体，小四号，顶头，题号与文字间空半字）…………

1.1　×××××××（宋体，小四号，开头空一字，题号与文字间空半字）…

1.1.1　×××××××（宋体，小四号，开头空二字，题号与文字间空半字）…

1.1.2

……

2　×××

…………

（根据论文情况决定是否添加注释，若添加则在参考文献前）

参考文献（黑体，小四号，顶头）……………………………………………………

附录（黑体，小四号，顶头）……………………………………………………………

致谢（黑体，小四号，顶头）……………………………………………………………

四、论文正文排版规范

论文格式要求表

一级标题	1　××	黑体四号，左顶格，数字与文字间空两格，上下空一行，自占一行
二级标题	1.1　××	黑体小四号，左顶格，数字与文字间空两格，自占一行
三级标题	1.1.1　××	宋体小四号，左顶格，数字与文字间空两格，自占一行
四级标题	1.1.1.1　×××	宋体小四号，左顶格，数字与文字间空两格，自占一行。可根据内容需要确定是否设置四级标题
段落文字		宋体小四号，左空两格起段落，数字与英文用 Times New Roman 小 4 号

图序、图名	图 1 ××××	图序、图名置于图下方，宋体五号居中；资料来源另起一行，宋体五号，居中，数字与英文用 Times New Roman 5 号
表序、表名	表 1 ××××	表序、表名置于表上方，宋体五号居中；资料来源在表下方，另起一行，宋体五号，与表格左列排齐或左顶格，数字与英文用 Times New Roman 5 号，表格内段落为单倍行距

五、注释、参考文献、附录、致谢排版规范

注释

××××× （宋体、Times New Roman 小 5 号，全文统排，另起一页）

×××××

… （根据实际情况决定是否添加注释于论文（设计）中）

参考文献

（题名：另起一页，黑体四号，居左，占一行，上下空一行）

[1] ××××× （左顶格书写，汉字宋体、数字及英文为 Times New Roman，5 号，全文统排）

[2] ×××××

附录 （根据实际情况决定是否添加附录于论文中）

（题名：另起一页，黑体四号，居中，占一行，上下空一行；一级标题黑体小四号，左顶格，占一行，上下空一行；二级标题宋体小四号，左顶格，占一行；段落文字：左空两格起段落书写，宋体、Times New Roman 5 号）

致谢 （题名：另起一页，黑体四号，居中，占一行，上下空一行）

××××× （左空两格起段落书写，宋体、Times New Roman 小 4 号）

第4章

电子表格应用（一）

实验一　Excel 2016 的编辑与格式化

一、实验目的

（1）熟练掌握 Excel 2016 的基本操作。

（2）掌握单元格数据的编辑。

（3）掌握填充序列及自定义序列操作方法。

（4）掌握公式的使用方法。

二、实验内容

（1）启动 Excel 2016 并更改默认格式。

（2）利用自动填充序列方法实现数据输入，学会自定义序列及其填充方法。

（3）文件的保存与加密操作。

（4）公式的使用方法。

三、实验步骤

【样表 4.1】

	A	B	C	D	E	F
1	全年部分商品销售统计表					
2	商品名称	第一季	第二季	第三季	第四季	合计
3	冰箱	462000	350058	452200	416884	
4	液晶电视	802000	902060	806025	1045122	
5	洗衣机	320152	450055	505600	456223	
6	微波炉	245752	460022	350011	454899	
7	空调	586400	1822010	9531212	854564	

1. 启动 Excel 2016 并更改默认格式

（1）选择"开始"→所有程序→"Microsoft Office"→"Microsoft Office Excel 2016"命令，启动 Excel 2016。

65

（2）单击"文件"按钮，在弹出的菜单中选择"选项"命令，弹出"Excel 选项"对话框，在"常规"选项卡中单击"新建工作簿时"区域内"使用此字体作为默认字体"下三角按钮，在展开的下拉列表中单击"华文中宋"选项。

（3）单击"包含的工作表数"数值框右侧上调按钮，将数值设置为 5，最后单击"确定"按钮，如图 4.1 所示。

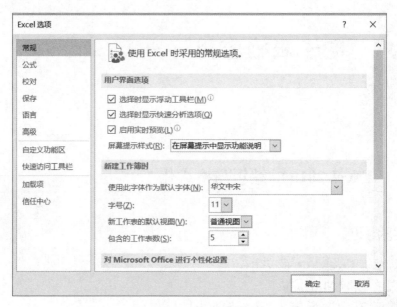

图 4.1　Excel 选项

（4）设置了新建工作簿的默认格式后，弹出 Microsoft Excel 提示框，单击"确定"按钮，如图 4.2 所示。

图 4.2　Microsoft Excel 提示框

（5）将当前所打开的所有 Excel 2016 窗口关闭，然后重新启动 Excel 2016，新建一个 Excel 表格，并在单元格内输入文字，即可看到更改默认格式的效果。

2. 在表格中输入数据

（1）单击 B2 单元格，输入"第一季"，然后使用自动填充的方法，将鼠标指向 B2 单元格右下角，当出现符号"+"时，按下"Ctrl"键并拖动鼠标至 E2 单元格，在单元格右下角出现的"自动填充选项"按钮中选择"填充序列"，则 B2 至 E2 单元格分别被填入"第一季""第二季""第三季""第四季"等 4 个连续数据。

（2）创建新的序列：单击"文件"按钮，在左侧单击"选项"命令，弹出"Excel 选项"对话框后，切换至"高级"选项卡，在"常规"选项组中单击"编辑自定义列表"按钮，如图 4.3 所示。

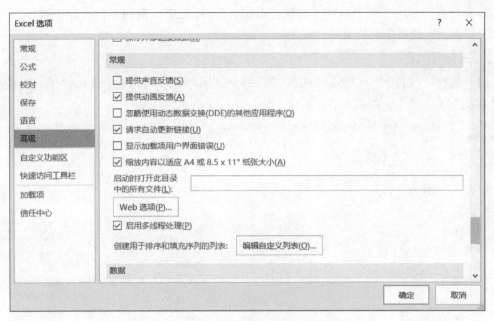

图 4.3　"高级"选项卡

（3）弹出"自定义序列"对话框，在"输入序列"列表框中输入需要的序列条目，每个条目之间用"，"分开，再单击"添加"按钮，如图 4.4 所示。

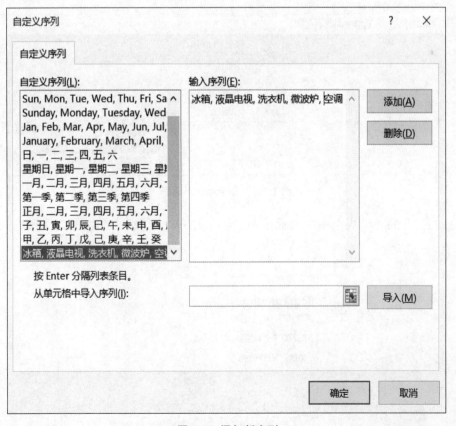

图 4.4　添加新序列

（4）设置完毕后单击"确定"按钮，返回"Excel 选项"对话框，单击"确定"按钮，返回工作表，完成新序列的填充。

3. 保存并加密

（1）选择"文件"→"另存为"命令，打开"另存为"对话框，选择"工具"按钮下的"常规选项"命令，如图 4.5 所示。

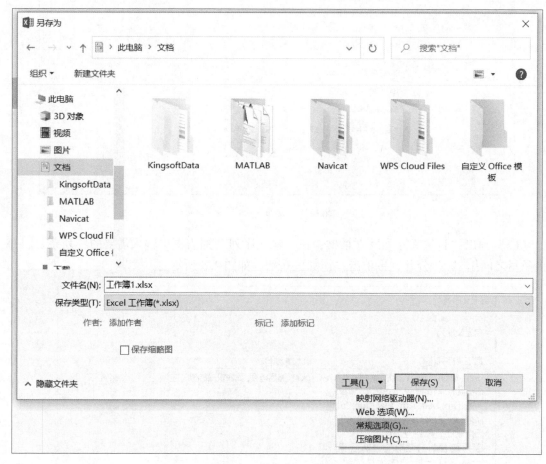

图 4.5 "另存为"对话框

（2）在打开的"常规选项"对话框中，在"打开权限密码"框中输入密码，如图 4.6 所示。

图 4.6 "常规选项"对话框

（3）单击"确定"按钮，打开"确认密码"对话框，再次输入刚才的密码，如图4.7所示。

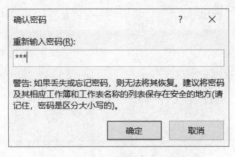

图4.7 "确认密码"对话框

（4）单击"确定"按钮，完成设置。当再次打开该文件时就会要求输入密码。

（5）将文件名改为"商品销售统计表"，存于桌面上，单击"确定"按钮保存。

4．利用公式计算

（1）单击F3单元格，以确保计算结果显示在该单元格。

（2）直接从键盘输入公式"=B3+C3+D3+E3"。

（3）鼠标移向F3单元格的右下角，当鼠标变成"+"字形时，向下拖动鼠标，到F7单元格释放鼠标左键，则所有商品的销售情况被自动计算出来，如图4.8所示。结束输入状态，则在F3显示出冰箱的合计销售量。

	A	B	C	D	E	F
1	全年部分商品销售统计表					
2	商品名称	第一季	第二季	第三季	第四季	合计
3	冰箱	462000	350058	452200	416884	1681142
4	液晶电视	802000	902060	806025	1045122	3555207
5	洗衣机	320152	450055	505600	456223	1732030
6	微波炉	245752	460022	350011	454899	1510684
7	空调	586400	1822010	9531212	854564	12794186

图4.8 自动计算结果图

实验二 工作表格式化

一、实验目的

（1）掌握单元格数据的编辑。

（2）掌握工作表的基础格式设置。

二、实验内容

（1）打开"商品销售统计表.xlsx"。

（2）设置Excel中的字体、字号、颜色及对齐方式。

（3）设置Excel中的表格线。

（4）设置 Excel 中的数字格式。

（5）在标题上方插入一行，输入创建日期，并设置日期显示格式。

（6）设置单元格背景颜色。

三、实验步骤

1. 打开"商品销售统计表．xlsx"

（1）进入 Excel 2016，选择"文件"→"打开"→"浏览"命令，弹出如图 4.9 所示的"打开"对话框。

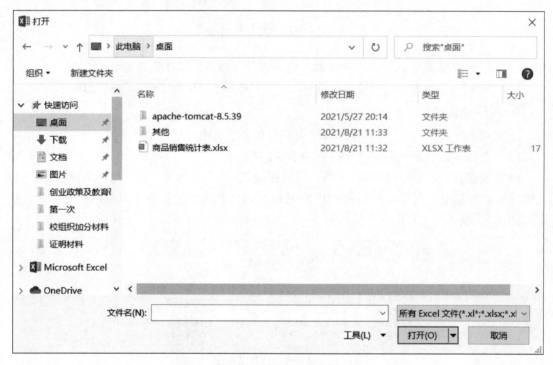

图 4.9　"打开"对话框

（2）按照路径找到工作簿的保存位置，双击其图标打开该工作簿，或者单击选中图标，单击该对话框中的"打开"按钮。

2. 设置字体、字号、颜色及对齐方式

（1）选中表格中的全部数据，单击鼠标右键，在弹出的快捷菜单中选择"设置单元格格式"命令，打开"设置单元格格式对话框"。

（2）切换到"字体"选项卡，字体选择为"宋体"，字号为"12"，颜色为"蓝色，个性色 5，深色 50%"，如图 4.10 所示。

（3）打开"对齐"选项卡，文本对齐方式选择"居中"，如图 4.11 所示。单击"确定"按钮。

（4）选中第二行，用同样的方法对第二行数据进行设置，将其颜色设置为"黑色"；字形设置为"加粗"。

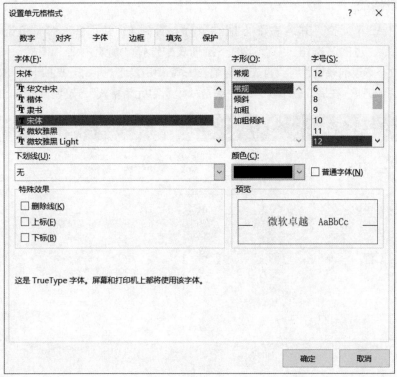

图 4.10 "设置单元格格式" – "字体" 选项卡

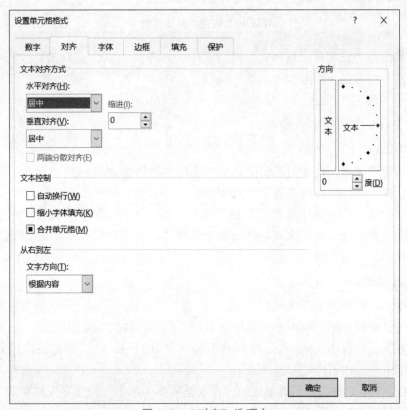

图 4.11 "对齐" 选项卡

3. 设置表格线

（1）选中 A2 单元格，并向右下方拖动鼠标，直到 F7 单元格，然后单击"开始"→"字体"组中的"边框"按钮，从弹出的下拉列表中选择"所有框线"图标。

（2）如做特殊边框线设置时，首先选定制表区域，切换到"开始"选项卡，单击"单元格"组中的"格式"按钮，在展开的下拉列表中单击"设置单元格格式"选项，如图 4.12 所示。

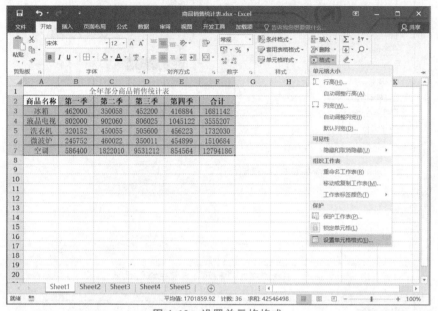

图 4.12 设置单元格格式

（3）在弹出的"设置单元格格式"对话框中，打开"边框"选项卡，选择一种线条样式后在"预置"组合框中单击"外边框"按钮。

（4）单击"确定"按钮。

4. 设置 Excel 中的数字格式

（1）选中 B3 至 F7 单元格。

（2）右击选中区域，在弹出的快捷菜单中选择"设置单元格格式"命令，打开"设置单元格格式"对话框，切换到"数字"选项卡。

（3）在"分类"列表框中选择"数值"选项；将"小数位数"设置为"0"；选中"使用千位分隔符"复选框，在"负数"列表框中选择"（1，234）"，如图 4.13 所示。然后单击"确定"按纽。

5. 设置日期格式

（1）选中第一行中的全部数据。

（2）右击选中的区域，在弹出的快捷菜单中，单击"插入"命令。

（3）在插入的空行中，选中 A1 单元格并输入"2011-8-8"，单击编辑栏左侧的"输入"按钮，结束输入状态。

（4）选中 A1 单元格，右击选中区域，在快捷菜单中单击"设置单元格格式"命令，打开"设置单元格格式"对话框，切换到"数字"选项卡。

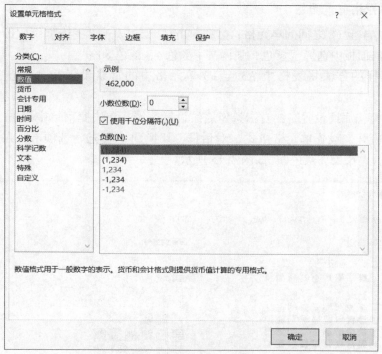

图 4.13 "数字"选项卡

(5)在"分类"列表框中选择"日期",然后在"类型"列表框中选择"二〇一二年三月十四日",如图 4.14 所示。然后单击"确定"按钮。

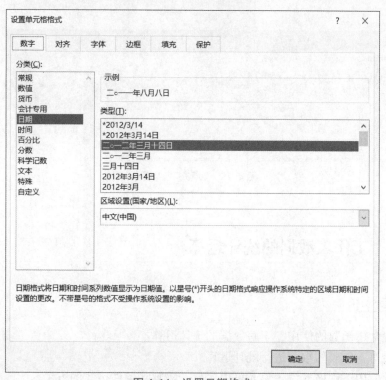

图 4.14 设置日期格式

6. 设置单元格背景颜色

（1）选中 A4 至 F8 之间的单元格，然后单击"开始"→"字体"组中的"填充颜色"按钮，在弹出的面板中选择"紫色，强调文字颜色 4，淡色 80%"。

（2）用同样的方法将表格中 A3 至 F3 单元格中的背景设置为"深蓝，文字 2，淡色 80%"。

（3）如做特殊底纹设置时，右击选定底纹设置区域，在快捷菜单中单击"设置单元格格式"命令，打开"设置单元格格式"对话框，切换到"填充"选项卡，在"图案样式"下拉列表中选择"6.25%灰色"，如图 4.15 所示。

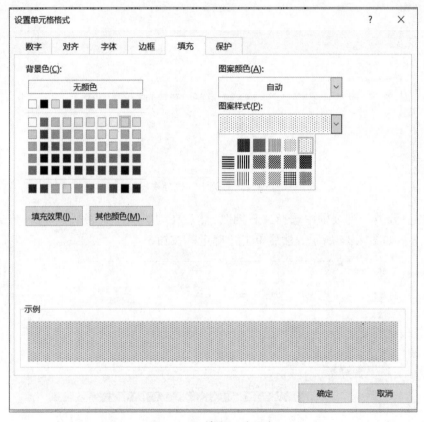

图 4.15 "填充"选项卡

实验三 工作表数据的统计运算

一、实验目的

（1）掌握常用函数的使用，了解数据的统计运算。

（2）学会对工作表的数据进行统计运算。

（3）掌握使用条件格式设置单元格内容，了解删除条件格式的方法。

二、实验内容

（1）按照样表4.2输入数据，并完成相应的格式设置。

（2）计算每个学生成绩总分。

（3）计算各科成绩平均分。

（4）在"备注"栏中注释出每位同学的通过情况：若"总分"大于250分，则在备注栏中填"优秀"；若总分小于250分但大于180分，则在备注栏中填"及格"，否则在备注栏中填"不及格"。

（5）将表格中所有成绩小于60分的单元格设置为"红色"字体并加粗；将表格中所有成绩大于90的单元格设置为"绿色"字体并加粗；将表格中"总分"小于180的数据，设置背景颜色。

（6）将C3至F6单元格区域中的成绩大于90分的条件格式设置删除。

（7）将文件保存至桌面，文件名为"英语成绩统计表"。

【样表4.2】

	A	B	C	D	E	F	G
1				英语成绩统计表			
2	学号	姓名	口语	听力	作文	总分	备注
3	201101	甲	91	85	89		
4	201102	乙	82	58	95		
5	201103	丙	75	80	77		
6	201104	丁	45	56	60		
7	平均分						

三、实验步骤

1. 启动 Excel 并输入数据

启动 Excel 并按样表4.2格式完成相关数据的输入。

2. 计算总分

（1）单击F3单元格，输入公式"＝C3+D3+E3"，按"Enter"键，移至F4单元格。

（2）在F4单元格中输入公式"＝SUM（C4：E4）"，按"Enter"键，移至F5单元格。

（3）切换到"开始"选项卡，在"编辑"组中单击"求和"按钮，此时C5：F5区域周围将出现闪烁的虚线边框，同时在单元格F5中显示求和公式"＝SUM（C5：E5）"。公式中的区域以灰底蓝字显示，如图4.16所示，按"Enter"键，移至F6单元格。

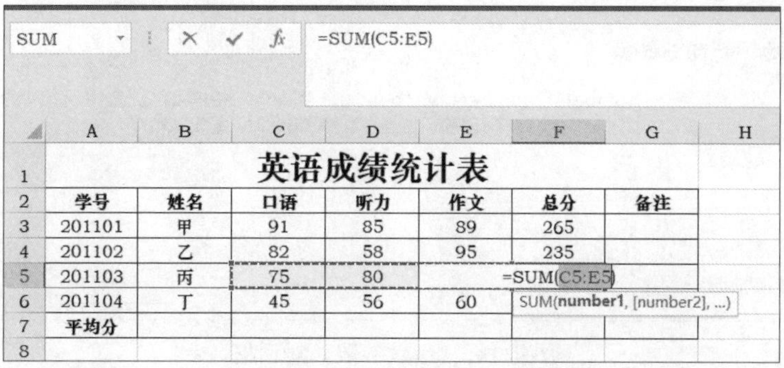

SUM	▾		✕	✓	fx	=SUM(C5:E5)		

	A	B	C	D	E	F	G	H
1				英语成绩统计表				
2	学号	姓名	口语	听力	作文	总分	备注	
3	201101	甲	91	85	89	265		
4	201102	乙	82	58	95	235		
5	201103	丙	75	80		=SUM(C5:E5)		
6	201104	丁	45	56	60	SUM(number1, [number2], ...)		
7	平均分							
8								

图 4.16　利用公式求和示意图

（4）单击"编辑栏"前边的"插入公式"按钮，屏幕显示"插入函数"对话框，如图4.17所示。

（5）在"或选择类别"下拉列表中选择"常用函数"选项，在"选择函数"列表框中选择"SUM"。单击"确定"按钮，弹出"函数参数"对话框。

图4.17 "插入函数"对话框

（6）在Number1框中输入"C6：E6"，如图4.18所示。

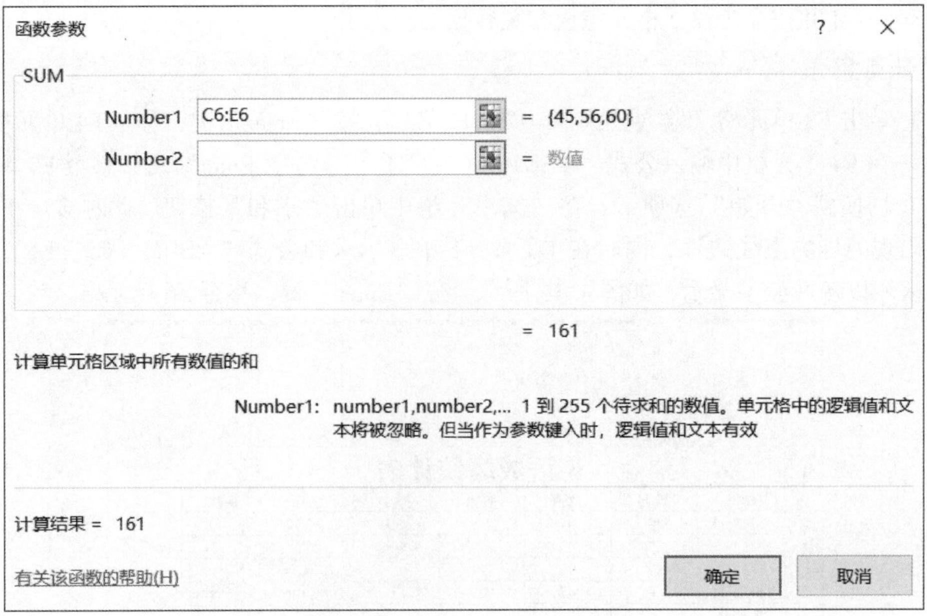

图4.18 "函数参数"对话框

（7）单击"确定"按钮，返回工作表窗口。

3. 计算平均分

（1）选中 C7 单元格，单击"插入公式"按钮，弹出"插入函数"对话框，在"选择函数"区域中选择"AVERAGE"，单击"确定"按钮后弹出"函数参数"对话框。

（2）在工作表窗口中用鼠标选中 C3 到 C6 单元格，在 Number1 框中即出现"C3：C6"，如图 4.19 所示。

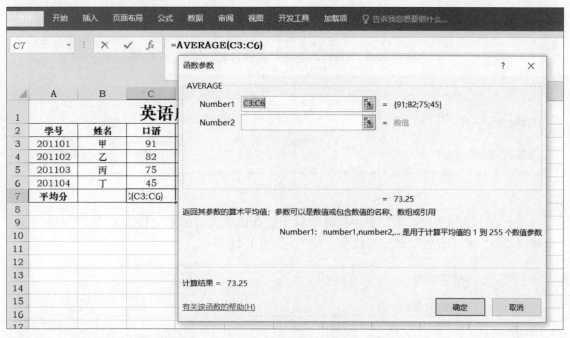

图 4.19 求平均分示意图

（3）单击"确定"按钮，返回工作表窗口。

（4）利用自动填充功能完成其余科目平均分成绩的计算。

4. IF 函数的使用

（1）选中 G3 单元格，单击"插入函数"按钮。

（2）弹出"插入函数"对话框，在"选择函数"区域中选择"IF"，单击"确定"按钮后弹出"函数参数"对话框。

（3）单击"Logical_ test"右边的"拾取"按钮，单击工作表窗口中的 F3 单元格，然后输入"＞＝250"。

（4）单击"返回"按钮。

（5）在"Value_ if_ ture"右边的文本输入框中输入"优秀"，如图 4.20 所示。

（6）将光标定位到"Value_ if_ false"，可输入任意值。

（7）单击"确定"按钮。

5. 条件格式的使用

（1）选中 C3：E6 单元格区域，单击功能区中的"开始"→"样式"→"条件格式"按钮，在弹出的列表中选择"新建规则"命令，弹出"新建格式规则"对话框。

函数参数

IF

Logical_test	F3>=250	圈	= TRUE
Value_if_true	"优秀"	圈	= "优秀"
Value_if_false		圈	= 任意

= "优秀"

判断是否满足某个条件，如果满足返回一个值，如果不满足则返回另一个值。

Value_if_false 是当 Logical_test 为 FALSE 时的返回值。如果忽略，则返回 FALSE

计算结果 = 优秀

有关该函数的帮助(H)　　　　　　　　　　　　　　确定　　取消

图 4.20　IF 函数参数图

（2）在"选择规则类型"框中选择"只为包含以下内容的单元格设置格式"。在"编辑规则说明"栏中设置"单元格值小于 60"，如图 4.21 所示。

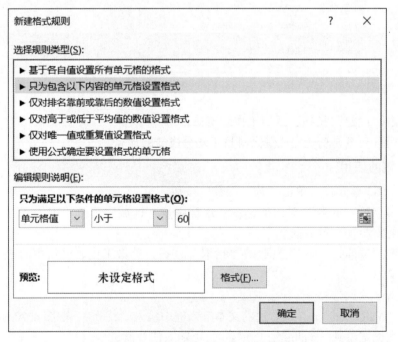

新建格式规则

选择规则类型(S)：

▶ 基于各自值设置所有单元格的格式
▶ 只为包含以下内容的单元格设置格式
▶ 仅对排名靠前或靠后的数值设置格式
▶ 仅对高于或低于平均值的数值设置格式
▶ 仅对唯一值或重复值设置格式
▶ 使用公式确定要设置格式的单元格

编辑规则说明(E)：

只为满足以下条件的单元格设置格式(O)：

单元格值　小于　60

预览：　未设定格式　　格式(F)...

确定　　取消

图 4.21　"新建格式规则"对话框

（3）单击"格式"按钮，在弹出的"设置单元格格式"对话框中打开"字体"选项卡，将颜色设置为"红色"，字形设置为"加粗"，如图 4.22 所示。

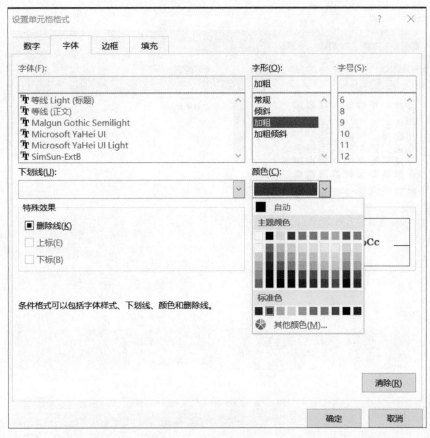

图 4.22 "字体"选项卡

（4）单击"确定"按钮，返回"新建格式规则"对话框，可以看到预览文字效果。

（5）单击"确定"按钮，退出该对话框。

（6）用同样的方式完成各科成绩大于 90 分的格式设置，要求为"绿色"字体并加粗。

（7）选中 F3 至 F6 单元格，单击功能区中的"开始"→"样式"→"条件格式"按钮，在弹出的列表中选择"新建规则"命令，弹出"新建格式规则"对话框。

（8）在"选择规则类型"框中选择"只为包含以下内容的单元格设置格式"。在"编辑规则说明"栏中设置"单元格值小于 180"。

（9）单击"格式"按钮，在弹出的"设置单元格格式"对话框中打开"填充"选项卡，将单元格底纹设置为"浅蓝色"，如图 4.23 所示。

（10）单击"确定"按钮，返回"新建格式规则"对话框，可以看到预览文字效果。

（11）单击"新建格式规则"对话框的"确定"按钮，退出该对话框。

6. 条件格式的删除

（1）将光标位于 C3 至 F6 单元格区域中的任意单元格中，单击功能区中的"开始"→"样式"→"条件格式"按钮，在弹出的列表中选择"管理规则"命令，弹出"条件格式规则管理器"对话框，如图 4.24 所示。

（2）选中"单元格值>90"条件规则，单击"删除规则"按钮，该条件格式规则即被删除，"条件格式规则管理器"中显示现有条件格式规则。

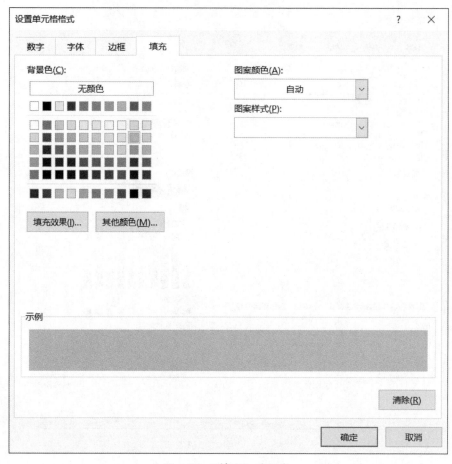

图 4.23 "填充"选项卡

图 4.24 "条件格式规则管理器"对话框

第 5 章

电子表格应用（二）

实验一　建立数据图表

一、实验目的

（1）掌握 Excel 中常用图表的建立方法。

（2）了解组成图表的各图表元素，了解图表与数据源的关系。

（3）掌握图表格式化方法。

二、实验内容

启动 Excel 2016，打开实验题目 1 中建立的"英语成绩统计表"文件，完成以下工作。

（1）对"英语成绩统计表"中每位同学三门科目的数据，在当前工作表中建立嵌入式柱形图图表。

（2）设置图表标题为"英语成绩表"，横坐标轴标题为"姓名"，纵坐标轴标题为"分数"。

（3）将图表中"听力"的填充色改为红色斜纹图案。

（4）为图表中"作文"的数据系列添加数据标签。

（5）更改纵坐标轴刻度设置。

（6）设置图表背景为"渐变填充"，边框样式为"圆角"，设置好后将工作表另存为"英语成绩图表"文件。

三、实验步骤

1. 创建图表

（1）启动 Excel 2016，打开实验题目 1 中建立的"英语成绩统计表"文件。选择 B2：E6 区域的数据。

（2）单击功能区中的"插入"→"图表"→"柱形图"按钮，在弹出的列表中选择"二维柱形图"中的"簇状柱形图"，如图 5.1 所示。

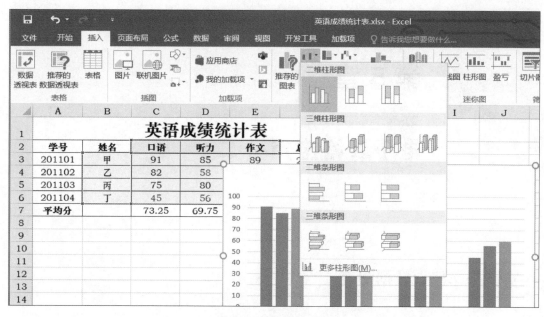

图 5.1　选择图标类型

（3）此时，在当前工作表中创建了一个柱形图表，如图 5.2 所示。

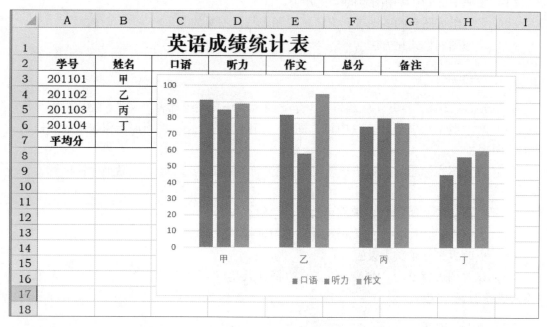

图 5.2　创建图表

（4）单击图表内空白处，然后按住鼠标左键进行拖动，将图表移动到工作表内的一个适当位置。

2. 添加标题

（1）选中图表，激活功能区中的"设计"和"格式"选项卡。单击"设计"→"添加图标元素"→"图表标题"按钮，在弹出的列表中选择"图表上方"命令。

（2）在图表中的标题输入框中输入图表标题"英语成绩表"，单击图表空白区域完成输入。

（3）单击"设计"→"添加图表元素"→"坐标轴标题"按钮，在弹出的列表中分别完成横坐标与纵坐标标题的设置。

（4）选中图表，然后拖动图表四周的控制点，调整图表的大小。

3. 修饰数据系列图标

（1）双击听力数据系列或将鼠标指向该系列，单击鼠标右键，在弹出的快捷菜单中单击"设置数据系列格式"。

（2）在打开的对话框的"填充"面板中选择"图案填充"的样式，设置前景色为"红色"。

4. 添加数据标签

（1）选中作文数据系列，单击"设计"→"添加图标元素"→"数据标签"按钮，在弹出的下拉列表中选择"数据标签外"命令，如图5.3所示。

（2）图表中作文数据系列上方显示数据标签。

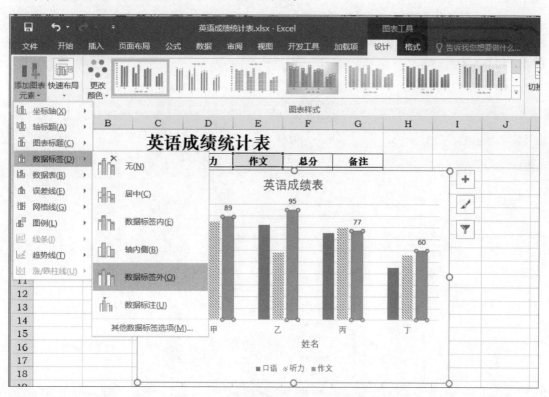

图5.3 添加标签

5. 设置纵坐标轴刻度

（1）双击纵坐标轴上的刻度，打开"设置坐标轴格式"对话框，在"坐标轴选项"区域中将"单位–主要"设置为"20"，如图5.4所示。

（2）设置完毕后，单击"关闭"按钮。

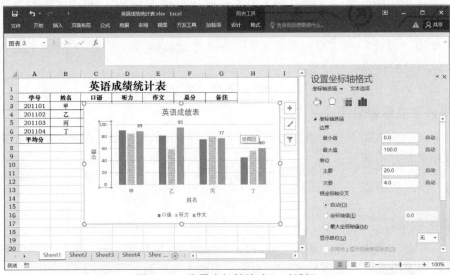

图 5.4 "设置坐标轴格式"对话框

6. 设置图表背景并保存文件

（1）分别双击图例和图表空白处，在相应的对话框中进行设置，图表区的设置参见图 5.5 和图 5.6。

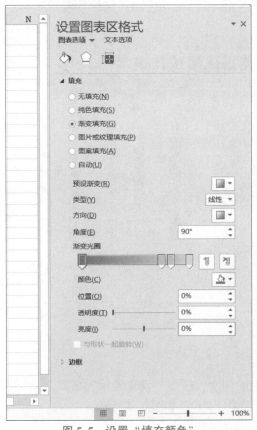

图 5.5 设置"填充颜色"

图 5.6　设置"边框样式"

（2）设置完毕后，单击"关闭"按钮。

（3）按照前面介绍的另存文件的方法，将嵌入图表后的工作表另存为"英语成绩图表"文件。

实验二　数据列表的数据处理方式

一、实验目的

（1）了解 Excel 2016 的数据处理功能。

（2）掌握数据列表的排序方法。

（3）掌握数据列表的自动筛选方法。

（4）掌握数据的分类汇总。

二、实验内容

（1）在 Sheet1 工作表中输入样表 5.1 中的数据，并将 Sheet1 工作表中的内容复制至两个新工作表中。将三个工作表名称分别更改为"排序""筛选"和"分类汇总"。将 Sheet2 和 Sheet3 工作表删除。

（2）使用"排序"工作表中的数据，以"基本工资"为主要关键字，"奖金"为次要关键字降序排序。

（3）使用"筛选"工作表中的数据，筛选出"部门"为"设计部"并且基本工资大于等于 900 的记录。

（4）使用"分类汇总"工作表中的数据，以"部门"为分类字段，将"基本工资"进行"平均值"分类汇总。

【样表 5.1】

	A	B	C	D	E
1	糖果公司工资表				
2	姓名	部门	基本工资	奖金	津贴
3	王贺	设计部	850	600	100
4	张二	研发部	1000	550	150
5	尚珊	销售部	800	800	200
6	刘涛	设计部	900	600	110
7	高兴	研发部	1200	800	150
8	赵蕾	设计部	1100	600	100
9	孙峰	研发部	1300	500	150
10	王力	设计部	900	600	100
11	苗苗	研发部	1000	500	150
12	刘默	销售部	800	1000	200
13	赵丽	销售部	800	1100	200

三、实验步骤

1. 工作表的管理

（1）启动 Excel 2016，在 Sheet1 工作表中按样表 5.1 完成数据的输入。

（2）右击工作表中的"Sheet1"标签，在弹出的菜单中单击"移动或复制"命令，打开"移动或复制工作表"对话框，选中"Sheet2"选项，选中"建立副本"复选框，如图 5.7 所示。

（3）单击"确定"按钮，将增加一个复制的工作表，它与原来的工作表中的内容相同，默认名称为 Sheet1（2）。

（4）用同样的方法创建另一张工作表，创建完成后，其默认名称为 Sheet1（3）。

（5）右击工作表中的"Sheet1"标签，在弹出的菜单中单击"重命名"命令。

（6）用同样的方式修改 Sheet1（2）、Sheet1（3）。

（7）右击工作表中的"Sheet2"标签，在弹出的菜单中单击"删除"命令，则删除该工作表标签。用同样的方法将工作表 Sheet3 删除，删除后的效果如图 5.8 所示。

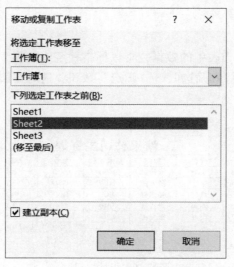

图 5.7 "移动或复制工作表"对话框

10	王力	设计部	900	600	100	
11	苗苗	研发部	1000	500	150	
12	刘默	销售部	800	1000	200	
13	赵丽	销售部	800	1100	200	

图 5.8 删除后的工作表效果

2. 数据排序

（1）使用"排序"工作表中的数据，将鼠标指针定位在数据区域任意单元格中，单击功能区中的"数据"→"排序和筛选"→"排序"按钮，弹出"排序"对话框。在"主要关键字"下拉列表中选择"基本工资"选项，在"次序"下拉列表中选择"降序"选项。

（2）单击"添加条件"按钮，增加"次要关键字"设置选项，在"次要关键字"下拉列表中选择"奖金"选项，"次序"下拉列表中选择"降序"选项。如图 5.9 所示。

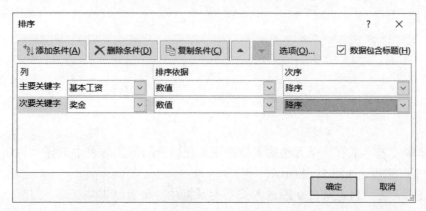

图 5.9 "排序"对话框

（3）单击"确定"按钮，即可将员工按基本工资降序方式进行排序，基本工资相同则按奖金进行降序排序。

3. 数据筛选

（1）使用"筛选"工作表中的数据，将鼠标指针定位在第2行任一单元格中，单击功能区中的"数据"→"排序和筛选"→"筛选"按钮，这时在第2行各单元格中出现如图5.10所示的下拉按钮。

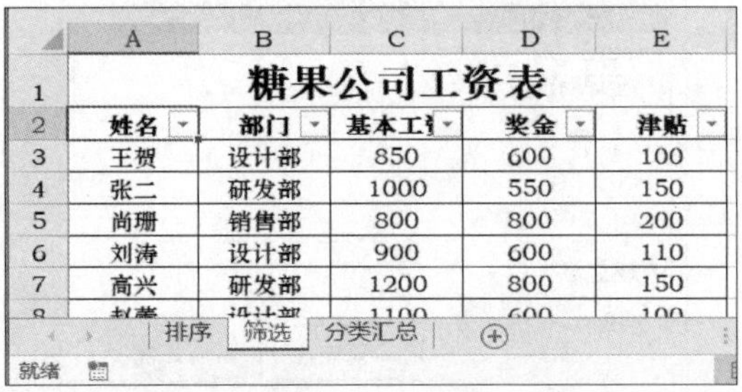

图5.10　下拉按钮框

（2）单击"部门"单元格中的下拉按钮，在弹出的下拉列表中选择"设计部"，如图5.11所示。单击"确定"按钮，即可筛选出部门为"设计部"的数据。

图5.11　筛选设置

（3）单击"基本工资"单元格的下拉按钮，在弹出的下拉列表中选择"数字筛选"→"大于或等于"选项，如图5.12所示。

（4）在打开的"自定义自动筛选方式"对话框中，设置"基本工资大于或等于900"，如图5.13所示。

（5）单击"确定"按钮，即可筛选出"基本工资"大于等于900的记录。

（6）分别单击"部门"和"基本工资"单元格中的下拉按钮，在弹出的下拉列表中选

择 "全部" 选项，则会显示原来所有数据。

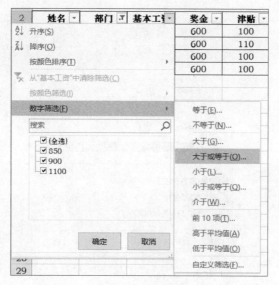

图 5.12　筛选设置

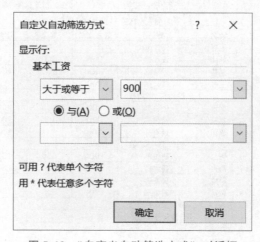

图 5.13　"自定义自动筛选方式" 对话框

4. 分类汇总

（1）使用 "分类汇总" 工作表中的数据，将鼠标指针定位在数据区域任意单元格中，单击功能区中的 "数据"→"排序和筛选"→"排序" 按钮，弹出 "排序" 对话框。在 "主要关键字" 下拉列表中选择 "部门" 选项，在 "次序" 下拉列表中选择 "升序" 选项。

（2）单击 "确定" 按钮，即可将数据按部门的升序方式进行排序。

（3）单击功能区中的 "数据"→"分级显示"→"分类汇总" 按钮，弹出 "分类汇总" 对话框。在 "分类字段" 下拉列表中选择 "部门"，"汇总方式" 下拉列表中选择 "平均值"，"选定汇总项" 列表框中选择 "基本工资"，如图 5.14 所示。

（4）选中 "替换当前分类汇总" 与 "汇总结果显示在数据下方" 两项，单击 "确定" 按钮。效果如图 5.15 所示。

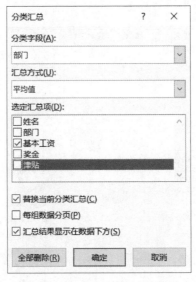

图 5.14 "分类汇总"对话框

1 2 3		A	B	C	D	E
	1	糖果公司工资表				
	2	姓名	部门	基本工资	奖金	津贴
	3	王贺	设计部	850	600	100
	4	刘涛	设计部	900	600	110
	5	赵蕾	设计部	1100	600	100
	6	王力	设计部	900	600	100
	7		设计部 平均值	937.5		
	8	尚珊	销售部	800	800	200
	9	刘默	销售部	800	1000	200
	10	赵丽	销售部	800	1100	200
	11		销售部 平均值	800		
	12	张二	研发部	1000	550	150
	13	高兴	研发部	1200	800	150
	14	孙峰	研发部	1300	500	150
	15	苗苗	研发部	1000	500	150
	16		研发部 平均值	1125		
	17		总计平均值	968.1818		

图 5.15 汇总后的工作表效果图

(5) 单击分类汇总表左侧的减号,即可折叠分类汇总表。

实验三 数据透视表和合并计算

一、实验目的

(1) 了解数据透视表向导的使用方法。

(2) 掌握简单数据透视表的建立。

(3) 掌握创建合并计算报告。

二、实验内容

（1）在 Sheet1 工作表中输入样表 5.2 中的数据，创建数据透视表。

（2）在 Sheet2 工作表中输入样表 5.3 中的数据，在"成绩分析"中进行"平均值"合并计算。

【样表 5.2】

	A	B	C	D	E
1	体育用品店销售分析表				
2	商品	第一季	第二季	第三季	第四季
3	运动鞋	6800	9200	8600	8200
4	网球拍	4900	4300	5200	4300
5	高尔夫	7200	5100	4200	5700
6	羽毛球拍	2400	1900	2200	2000
7	篮球	1900	2100	2400	2000
8	足球	3200	3400	3100	2900
9	滑板	1300	1900	1500	1800
10	溜冰鞋	900	1700	1500	1100
11	乒乓球	1700	1200	1100	900
12	排球	4100	4400	3500	200
13	哑铃	800	500	1200	900
14	运动护具	2200	2200	2500	2100
15	拳击沙袋	3300	3900	3600	3000
16					

【样表 5.3】

	A	B	C	D	E	F
1	计算机职称考试成绩表					
2	姓名	性别	年龄	职业	科目	总分
3	甲	女	25	教师	中文Windows XP操作系统	92
4	乙	男	28	律师	Excel 2003中文电子表格	86
5	丙	女	26	医生	中文Windows XP操作系统	75
6	丁	女	30	会计	Word 2003中文字处理	94
7	戊	男	45	教师	Internet应用	76
8	己	女	35	医生	Excel 2003中文电子表格	78
9	庚	女	30	律师	Internet应用	96
10						
11					成绩分析	
12					科目	平均分
13						
14						
15						
16						
17						

三、实验步骤

1. 建立数据透视表

（1）按照样表 5.2 在 Sheet1 工作表中输入数据。

（2）单击数据区域中的任意一个单元格，切换至"插入"选项卡，在"图表"组中单击"数据透视表"按钮，弹出"创建数据透视表"对话框，如图 5.16 所示。

（3）单击"确定"按钮，即可创建一个空白的数据透视表，并在窗口的右侧自动显示"数据透视表字段列表"窗格，在其中勾选需要的字段，并在左侧的数据透视表中显示出来，效果如图 5.17 所示。

图 5.16 "创建数据透视表"对话框

	A	B	C	D	E
1	行标签 ▽	求和项:第一季	求和项:第二季	求和项:第三季	求和项:第四季
2	高尔夫	7200		4200	5700
3	滑板	1300		1500	1800
4	篮球	1900	2100	2400	2000
5	溜冰鞋	900	1700	1500	1100
6	排球	4100	4400	3500	200
7	乒乓球	1700	1200	1100	900
8	拳击沙袋	3300	3900	3600	3000
9	网球拍	4900	4300	5200	4300
10	哑铃	800	500	1200	900
11	羽毛球拍	2400	1900	2200	2000
12	运动护具	2200	2200	2500	2100
13	运动鞋	6800	9200	8600	8200
14	足球	3200	3400	3100	2900
15	总计	40700	41800	40600	35100
16					
17					

数据透视表字段 ▾ ×

选择要添加到报表的字段: ✿ ▾

搜索 🔍

☑ 商品
☑ 第一季
☑ 第二季
☑ 第三季
☑ 第四季

更多表格...

在以下区域间拖动字段:

▽ 筛选器   ▥ 列

图 5.17 数据透视表

（4）选择单元格 B3，切换至"数据透视表工具"的"分析"选项卡，单击"活动字段"组中"字段设置"按钮，弹出"值字段设置"对话框，切换至"值汇总方式"选项卡，在其列表框中单击"最大值"选项，如图 5.18 所示。

（5）单击"确定"按钮。

2. 数据合并计算

（1）按照样表 5.3 在 Sheet2 工作表中输入数据。

（2）将光标定位到"成绩分析"中"科目"下方的单元格中，单击功能区中的"数据"→"数据工具"→"合并计算"按钮，弹出"合并计算"对话框，如图 5.19 所示。

（3）在"合并计算"对话框的"函数"下拉列表中选择"平均值"。

（4）单击"引用位置"文本框后面的工作表缩略图图标，单击"工作表缩略图"图标后，用鼠标选中"科目"和"总分"两列数据，返回"合并计算"对话框中。

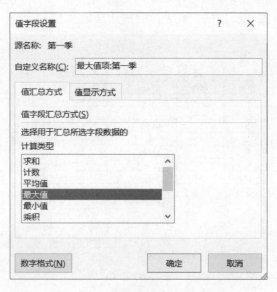

图 5.18 "值字段设置"对话框

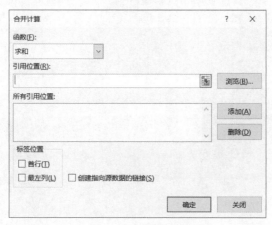

图 5.19 "合并计算"对话框

(5) 单击"添加"按钮,将选择的源数据添加到"所有引用位置"列表框中。

(6) 在"标签位置"组合框中,选中"最左列"复选框,如图 5.20 所示。

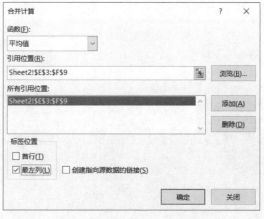

图 5.20 "合并计算"对话框

(7) 单击"确定"按钮，返回工作表，完成效果如图5.21所示。

	A	B	C	D	E	F
1	计算机职称考试成绩表					
2	姓名	性别	年龄	职业	科目	总分
3	甲	女	25	教师	中文Windows XP操作系统	92
4	乙	男	28	律师	Excel 2003中文电子表格	86
5	丙	女	26	医生	中文Windows XP操作系统	75
6	丁	女	30	会计	Word 2003中文字处理	94
7	戊	男	45	教师	Internet应用	76
8	己	女	35	医生	Excel 2003中文电子表格	78
9	庚	女	30	律师	Internet应用	96
10						
11					成绩分析	
12					科目	平均分
13					中文Windows XP操作系统	83.5
14					Excel 2003中文电子表格	82
15					Word 2003中文字处理	94
16					Internet应用	86

图5.21 合并计算后工作表效果图

第6章

PowerPoint 演示文稿制作

实验一　PowerPoint 演示文稿制作

一、实验目的

通过对实际样例的处理，熟练掌握以下内容：

（1）演示文稿的建立和保存。

（2）演示文稿格式化和美化的基本方法。

（3）为演示文稿设置动画效果。

（4）建立交互式演示文稿。

（5）演示文稿的输出。

二、实验内容

制作如图 6.1 所示的演示文稿。

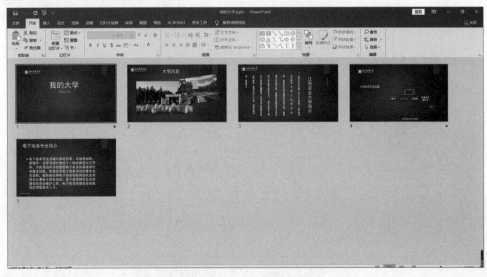

图 6.1　演示文稿效果

三、实验步骤

步骤 1　新建演示文稿文件

启动 Microsoft PowerPoint 2016 后，程序会自动创建包含一张空白幻灯片的演示文稿，如图 6.2 所示，并自动命名为"演示文稿 1.pptx"。选择"文件"菜单→"保存"命令，将其存于"桌面 \ ppt"文件夹里，命名为"我的大学.pptx"。

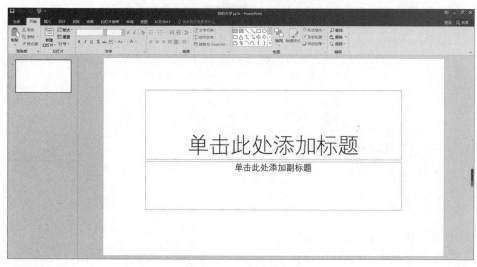

图 6.2　创建了包含一张幻灯片的演示文稿

步骤 2　建立演示文稿内容

（1）自动创建的首张幻灯片默认为"标题幻灯片"版式，如图 6.2 所示。单击图 6.2 中标示 1 处文字"单击此处添加标题"，鼠标随之变成闪烁的"I"形光标，输入演示文稿主题文字："我的大学"。在图 6.2 中标示 2 处输入副标题："江西农业大学"，如图 6.3 所示：

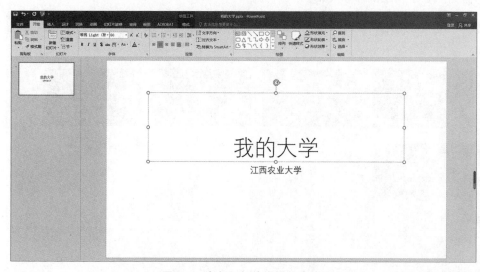

图 6.3　在新幻灯片中添加内容

（2）选择"开始"菜单→"新建幻灯片"命令，打开下拉列表框，选择一张幻灯片版式，一般新建立的幻灯片会自动地放置在当前幻灯片的后面作为第 2 张幻灯片，且默认为"标题和内容"版式，如图 6.4 所示。

图 6.4　插入一张新的幻灯片

（3）在标题区输入文字"大学风景"并居中。先将江西农大官网 www. jxau. edu. cn \ 首页 \ 校情总览 \ 校园风光 \ "一号大门 . jpg"及"北区图书馆. jpg"下载到桌面，单击幻灯片空白区，选择"插入"菜单→"图片"→"来自文件"选项，插入第 2 张幻灯片，并调整图片大小及位置，如图 6.5 所示。

图 6.5　插入图片

（4）新建幻灯片3，选择"竖直标题与文本"版式。在右边输入"江西农业大学简介"文字，左边输入文字"江西农业大学是一所以农为优势，以生物技术为特色，农、理、工、经、管、文、法、教、艺多学科协调发展的多科性大学，具有博士学位授予权，是我国首批具有学士学位、硕士学位授予权单位之一，是农业部与江西省人民政府共建高校。学校位于南昌经济技术开发区，教学用地3,950亩，校园环境优美，景色宜人"，并调整行距，如图6.6所示。

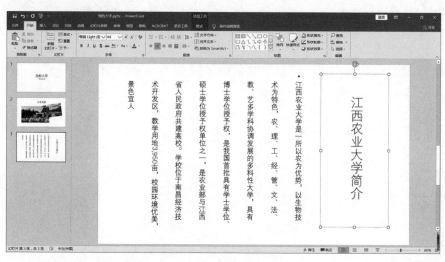

图6.6　插入一张"竖直标题与文本"版式的幻灯片

（5）新建幻灯片4，选择"内容与标题"版式，如图6.7所示。在左边标题占位符区输入文字"计信学院专业设置"，双击图6.7中　　　处，插入SmartArt图形，弹出如图6.8所示对话框，在图中选择"层次结构"，其右边第一个即为组织结构图，单击"确定"按钮，幻灯片效果如图6.9所示。

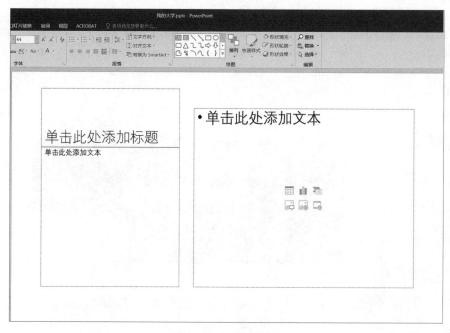

图6.7　内容与标题

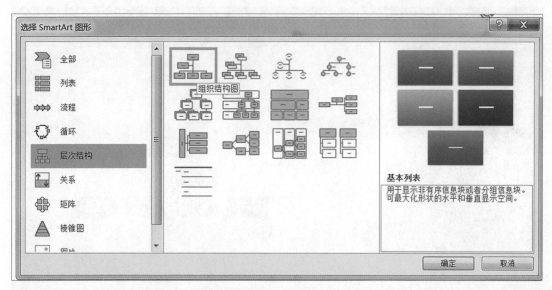

图 6.8　组织结构图图示库

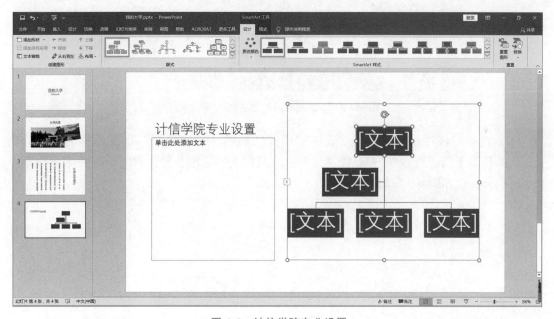

图 6.9　计信学院专业设置

（6）选中图 6.9 成员图形，单击"SmartArt 工具"栏中的"设计"选项卡，在出现的工具栏上选择"添加形状"选项，然后选择"在后面添加形状"选项，为组织结构图的第三层添加一个成员。添加新成员后的组织结构图如图 6.10 所示。

（7）选中第二层的方形，单击右键，选择"删除"命令，然后分别单击底层成员图形中的"单击此处添加文本"，为各图形添加文本，并设置文本为宋体 24 号字。分别选中组织结构图的每个文本框，单击"SmartArt 工具"栏中的"格式"选项卡，在弹出的工具栏里的形状样式里选择"形状轮廓——蓝色，个性色 1"，然后在"形状效果"下拉菜单里选择"棱台"→"圆"选项。修改后的第 4 张幻灯片如图 6.11 所示。

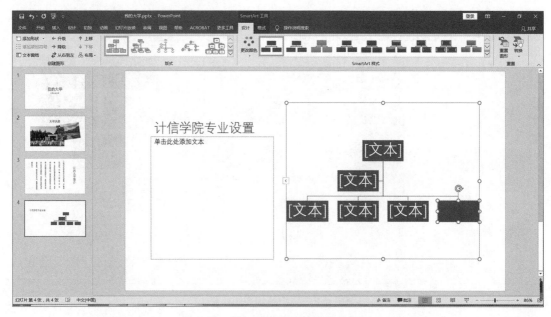

图 6.10　添加新成员后的组织结构图

图 6.11　添加完成后的组织结构图效果

（8）选择幻灯片 4 的空白处，选择"插入"菜单→"音频"→"文件中的音频"选项，从网站上下载"致青春 . mp3"文件存放在桌面上，选定其路径，则幻灯片中会出现一个小喇叭图标，如图 6.12 所示，

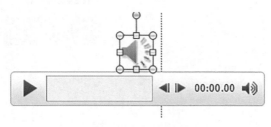

图 6.12　插入声音

（9）单击"音频工具"菜单栏里的"播放"选项卡，可以设定声音是单击时播放，还是跨幻灯片播放，还是循环播放，如图 6.13 所示。

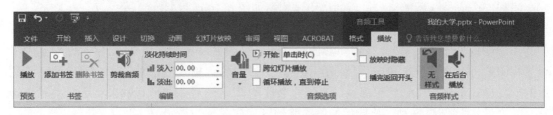

图 6.13　选择合适的播放声音方式

步骤 3　美化演示文稿

（1）应用设计模板。

选择"设计"菜单→"主题"选项，在模板列表中选定"离子"模板，即可将该模板应用于所有幻灯片，选定设计模板，如图 6.14 所示。

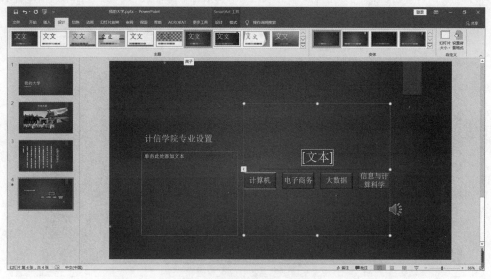

图 6.14　为幻灯片选择模板

（2）为幻灯片添加页脚。

选择"插入"菜单→"页眉和页脚"选项，弹出如图 6.15 所示对话框。在"幻灯片"选项卡中可以为幻灯片设置页脚内容，在"备注和讲义"选项卡中可以为备注页和打印的讲义预设页眉和页脚内容。设置幻灯片的页脚内容如图 6.15 所示：日期和时间为自动更新，页脚文字为"江西农业大学简介"，标题幻灯片中不显示页脚内容。然后单击"全部应用"按钮。

图 6.15　在幻灯片中添加页脚内容

（3）使用母版为幻灯片统一设置格式。

选择"视图"菜单→"母版视图"→"幻灯片母版"选项，切换至如图 6.16 所示母版视图。母版可以控制演示文稿的外观，在母版上进行的设置将应用到基于它的所有幻灯片。改动母版的文本内容不会影响到基于该母版的幻灯片的相应文本内容，仅仅是影响其外观和格式。默认的幻灯片母版有 5 个占位符，即标题区、对象区、日期区、页脚区、数字区，如图 6.16 所示。

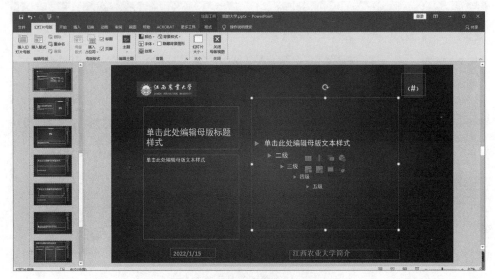

图 6.16　在幻灯片母版视图下的效果

选中内容幻灯片母版中的日期区占位符（占位符被选中后，周围出现文本框被选中时的密集斜线），选择"格式"→"字体"，设置日期区格式为宋体 18 号加粗字体。选中日期区占位符，用鼠标拖动其至幻灯片右下角。

在内容幻灯片母版中插入江西农业大学校徽，调整大小，并将其置于幻灯片左上角。

切换视图方式至"普通视图"，可以看到 2~4 张幻灯片的左上角均有校徽图片，并且日期位于幻灯片右下角，且在母版中添加的内容在普通视图下只可查看不可修改。

步骤 4　设置演示文稿的播放效果

（1）幻灯片切换效果。

幻灯片切换是指幻灯片间切换动画，可以为单张或多张幻灯片设置整体动画。

首先，选中第 1 张幻灯片。然后选择"切换"菜单，如图 6.17 所示。在"切换到此幻灯片"列表框中选择切换效果为"水平百叶窗"，切换声音为"鼓声"。选中"单击鼠标时"复选框，将换片方式设为单击鼠标时换片，单击"全部应用"，则所有幻灯片的切换方式都改为水平百叶窗。单击"播放"按钮，可以预览所设置的切换效果。

图 6.17　设置幻灯片切换方式

（2）幻灯片内的动画设置。

这里的设置幻灯片内的动画效果，是指为幻灯片内部各个元素设置动画效果，包括项目动画和对象动画，其中，项目动画是针对文本而言的，而对象动画是针对幻灯片中的各种对象的，对于一张幻灯片中的多个动画效果还可以设置它们的先后顺序。

操作方法：

①选择"动画"菜单，显示动画工具栏。

②在第 1 张幻灯片中，选中标题"我的大学"的对象占位符，在工具栏中选择合适的动画效果，如选择"飞入"效果。这时，设置了动画的占位符旁边会出现一个动画标记数字（这个阿拉伯数字代表当前设置的动画在幻灯片中播放的次序），图 6.18 中标示 2 处可用同样的方式设置"江西农业大学"几个字的动画效果，设为"弹跳"。

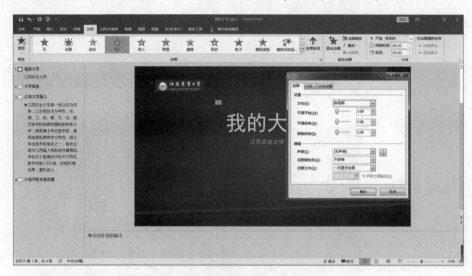

图 6.18　为幻灯片添加动画效果

③单击"效果选项"命令，可以打开该项动画的效果对话框，如图 6.19 所示。其中在"效果"选项卡可以设置动画的方向、声音等效果，在"计时"选项卡可以进行相关时间的设置，"正文文本动画"选项卡可以进行文本播放级别设置。

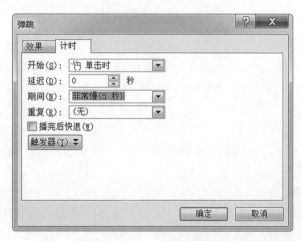

图 6.19　设置动画效果的参数

④设置完成后，要查看播放效果，要调整动画顺序，可选择"计时"选项卡里的"对动画重新排序"选项，如图 6.20 所示，通过向前移动或向后移动来改变动画播放的顺序。

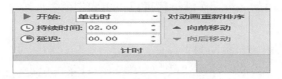

图 6.20　调整动画播放顺序

（3）设置幻灯片间的超链接。

使用超链接和动作按钮可增加演示文稿的交互性，从而在放映时可以跳转到指定的幻灯片或指定的文件。

首先，添加一张新的幻灯片 5，如图 6.21 所示。

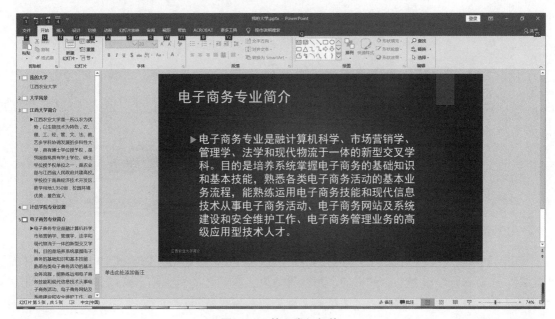

图 6.21　第 5 张幻灯片

然后，选择要插入超链接的位置：在第 4 张幻灯片中，选中组织结构图中的文字"电子商务"；然后，选择"插入"→"超链接"菜单命令，打开"插入超链接"对话框，如图 6.22 所示，选择链接位置类型"本文档中的位置"，具体位置到幻灯片"5. 电子商务专业简介"，要显示的文字为"电子商务"，然后单击"确定"按钮。设置的超链接效果在放映视图下可见。

用类似的方法将第 1 张幻灯片中的文字"江西农业大学"，链接到网页"http://www.jxau.edu.cn/"。

（4）设置动作按钮。

幻灯片中的动作按钮可看作是另一种形式的超链接，它的链接载体是按钮形状的图片。在第 5 张幻灯片中，选择"插入"菜单→"形状"→"动作按钮：自定义"选项，如图 6.23 所示。

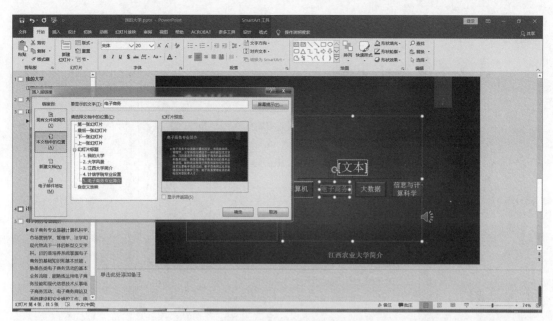

图 6.22　设置幻灯片之间的超链接

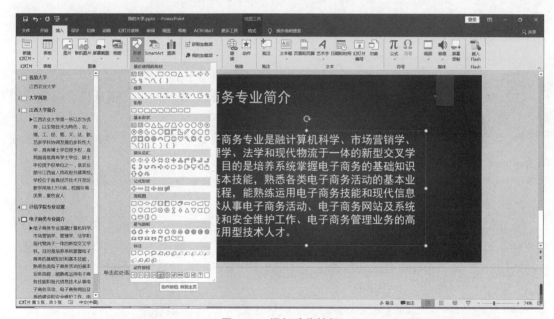

图 6.23　添加动作按钮

鼠标随之变成十字状，在幻灯片左边靠中间位置，按住鼠标左键，拖动鼠标，绘制出一个按钮状的图形，松开鼠标，弹出如图 6.24 所示的"操作设置"对话框。在对话框中选择"单击鼠标时的动作"为"超链接到"，并在下拉列表中选择"幻灯片…"，设置超链接到的位置为"第一张幻灯片"，最后单击"确定"按钮。然后在自定义按钮上单击右键，选择"编辑文字"命令，输入"首页"，在幻灯片播放中单击第 5 张幻灯片的"首页"按钮，则自动回到第 1 张幻灯片。

用类似的方法，在第 3、4、5 张幻灯片中设置动作返回至第 2 张幻灯片，效果参照样图。

图 6.24　设置动作按钮的超链接位置

（5）演示文稿的放映与输出。

①幻灯片放映方法。

方法一：选择"幻灯片放映"→"从头开始"菜单命令，则从第 1 张幻灯片开始放映。

方法二：选择"幻灯片放映"→"从当前幻灯片开始"菜单命令，则从当前选定的幻灯片开始放映。

放映时，转到下一张幻灯片：单击鼠标左键，或使用"→"键、"↓"键或"PageDown"键。到上一张幻灯片：使用"←"键、"↑"键或"PageUp"键。取消放映：按下"Esc"键，或单击鼠标右键，选择"结束放映"菜单命令。

②幻灯片的打印输出。

在打印演示文稿前，要先进行页面设置。选择"设计"菜单→"幻灯片大小"下拉列表中的"自定义幻灯片大小"选项，弹出如图 6.25 所示对话框。在"幻灯片大小"下拉列表中选择一种纸张类型，如果选择"自定义"选项，则可以在"宽度"和"高度"文本框中自定义纸张大小，最后单击"确定"按钮即可。

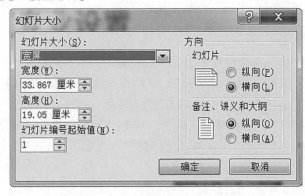

图 6.25　幻灯片的页面设置

选择"文件"→"打印"菜单命令，打开"打印"对话框，如图 6.26 所示，对打印范围、打印内容及份数进行设置后，单击"确定"按钮进行打印。

图 6.26　打印参数设置

第 7 章

计算机网络应用

实验一　查看并设置计算机的 TCP/IP 协议参数

查看并设置计算机的 TCP/IP 协议参数,并测试计算机的网络连接是否正常。

一、实验目的

(1) 理解各项网络配置信息的含义。

(2) 掌握 Windows 操作系统中 TCP/IP 的设置方法。

二、实验内容

查看并设置计算机的 TCP/IP 协议参数。

三、实验步骤

(1) 右击桌面上的"网上邻居"图标,在弹出的快捷菜单中选择"属性"命令,在"网络连接"窗口中双击"本地连接"图标,弹出如图 7.1 所示的"本地连接状态"对话框,可以查看本地连接的状态。

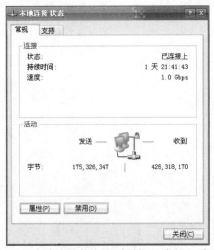

图 7.1　"本地连接状态"对话框"常规"选项卡

（2）选择"支持"选项卡，如图 7.2 所示，在该选项卡中可以看到本机的 IP 地址、子网掩码等数据，单击"详细信息"按钮，可以看到更多的信息。

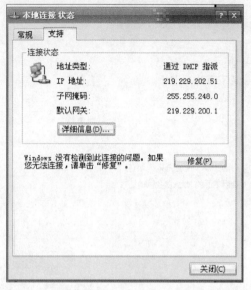

图 7.2 "本地连接状态"对话框"支持"选项卡

（3）单击"本地连接状态"对话框中"常规"选项卡中的"属性"按钮，弹出如图 7.3 所示的"本地连接属性"对话框，选中"Internet 协议（TCP/IP）"选项，然后单击"属性"按钮，弹出如图 7.4 所示的"Internet 协议（TCP/IP）属性"对话框。在这里用户可以自行设置和修改本机的 IP 地址、子网掩码等参数。修改完毕之后单击"确定"按钮使其生效。回到"本地连接属性"对话框，选中下方的"连接后在通知区域显示图标"和"此连接被限制或无连接时通知我"复选框。再次单击"确定"按钮，在系统托盘中查看计算机是否能正常连接到网络。

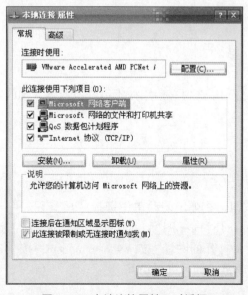

图 7.3 "本地连接属性"对话框

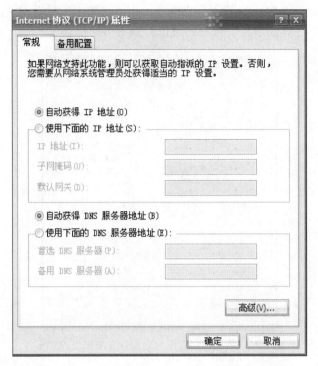

图 7.4 "Internet 协议（TCP/IP）属性"对话框

实验二　使用 IE 浏览网页并设置 IE 选项

使用搜索引擎搜索感兴趣的内容；保存网页内容，使用网络收藏夹。

一、实验目的

掌握 IE 的使用方法。

二、实验内容

使用 IE 浏览网页，设置 IE 选项。使用搜索引擎搜索感兴趣的内容；保存网页内容，使用网络收藏夹。

三、实验步骤

1. 启动 IE，进行网页浏览

（1）单击"开始"按钮，在弹出的菜单中选择"所有程序"→"Internet Explorer"选项，或双击桌面上的 Internet Explorer 图标，即可启动 IE 浏览器，如图 7.5 所示。

（2）在地址栏中输入要打开的网址，如 www.sohu.com，按"Enter"键，结果如图 7.6 所示。用鼠标单击其中的超链接即可进行访问。

图 7.5　IE 首页

图 7.6　搜狐首页

2. 配置 IE 浏览器

（1）更改 IE 浏览器起始主页：选择"工具"菜单中的"Internet 选项"命令，打开如图 7.7 所示的对话框。根据需要在其"主页"选项区域的"地址"文本框中输入主页地址，然后单击"确定"按钮使其生效，之后，重新启动 IE 进行检验。

（2）在"历史记录"选项区域的"网页保存在历史记录中的天数"数值框中根据需要输入所要保留的天数，如图 7.7 所示。

图 7.7　"Internet 选项"对话框

（3）选择"安全"选项卡，如图 7.8 所示。在四个不同区域中，单击要设置的区域。在"该区域的安全级别"选项区域中，调节滑块所在位置，根据需要将该 Internet 区域的安全级别设为高、中、低，单击"确定"按钮。

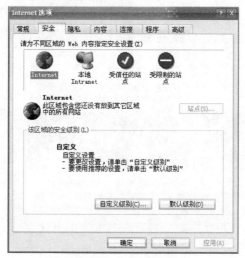

图 7.8　IE 安全设置

3. 使用搜索引擎

（1）在 IE 浏览器地址栏输入"www. google. cn"，打开谷歌的主页，如图 7.9 所示，输入所要搜索的相关信息的关键词。

（2）单击"Google 搜索"按钮，完成搜索，效果如图 7.10 所示。

图 7.9　Google 主页

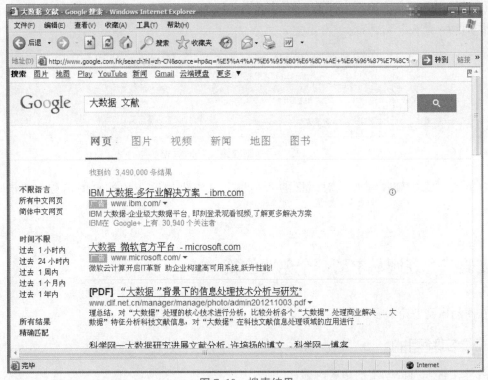

图 7.10　搜索结果

4. 保存网页

（1）选择"文件"菜单中的"另存为"命令，打开如图7.11所示的对话框。根据需要选择所要保存的路径及文件类型。

图 7.11 "保存网页"对话框

（2）使用收藏夹：选择"收藏"菜单下的"添加到收藏夹"命令，打开如图7.12所示的"添加到收藏夹"对话框。

图 7.12 "添加到收藏夹"对话框

（3）在"添加到收藏夹"对话框的"名称"文本框中输入该网页的名称，单击"确定"按钮。

实验三　在网易申请一个免费信箱

在网易申请一个免费信箱，尝试发送一份电子邮件。

一、实验目的

（1）掌握通过网站申请免费邮箱的方法。

（2）掌握收发 E-mail 的方法。

二、实验内容

在网易申请一个免费信箱。

三、实验步骤

1. 申请免费邮箱

（1）启动 IE 浏览器，在地址栏中输入"www. 163. com"，按"Enter"键，在网易主页上单击"注册免费邮箱"按钮，如图 7.13 所示。

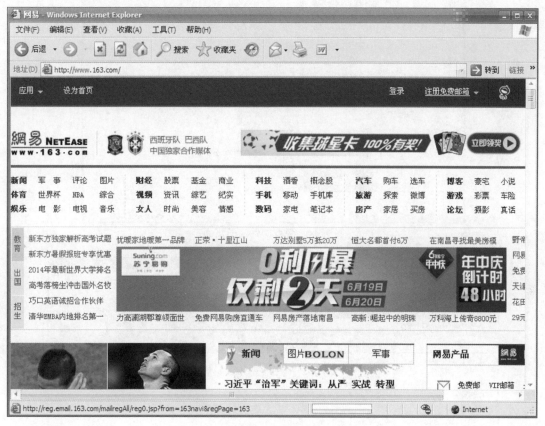

图 7.13 网易主页

（2）进入用户注册页面，根据注册向导的提示逐项填写注册信息。依次输入用户名、密码等相关信息，如图 7.14 所示，然后单击"确定"按钮。如果注册成功，记住邮件地址。如果显示注册失败信息，可按提示进行更正。

2. 登录并发送邮件

（1）返回首页，在免费邮箱登录栏中，将注册的用户名、密码按提示填写到指定位置后，单击"登录"按钮，进入邮箱管理页面，如图 7.15 所示。

（2）单击"写信"按钮，在邮件编辑区域要按格式填写收件人邮件地址、主题、正文、添加附件等项目。然后单击"发送"按钮。

图 7.14　免费邮件注册页面

图 7.15　邮箱管理页面

第 8 章

Access 数据库

实验一　数据库的创建与操作

一、实验目的

（1）熟悉 Access 的工作界面。

（2）熟悉 Access 功能区中各选项卡的功能。

（3）掌握 Access 工作环境的设置。

（4）理解数据库的基本概念。

二、实验内容

（1）在 E 盘上新建一个文件夹，命名为"Test"。

（2）启动 Access 2016。

（3）创建一个空的"教学管理系统"数据库。

（4）设置默认数据库文件夹为 E:\Test。

三、实验步骤

1. 设置用户的工作夹

在 Windows 环境下的"我的电脑"或"资源管理器"中，在 E 盘上新建一个文件夹，命名为"Test"，即 E:\Test，以后所有的实验内容都将保存在这个文件夹中。

2. 启动 Access 2016

方法一：单击"开始"按钮，选择"程序"→"Microsoft Office"→"Microsoft Access 2016"命令，启动 Access 2016。

方法二：双击桌面上的 Access 的快捷方式图标，启动 Access 2016。

方式三：双击扩展名为 .mdb 或 .accdb 的数据库文件，或在扩展名为 .mdb 或 .accdb 的数据库文件上右击，在弹出的快捷菜单中选择"打开"命令，启动 Access 2016。

3. 创建一个空的"教学管理系统"数据库

操作步骤如下：

（1）启动 Access 数据库系统，进入系统初始界面。

（2）单击"新建"区域中的"空白桌面数据库"按钮。

（3）在弹出的对话框中输入新建数据库的名称，这里输入"教学管理系统"，其默认的扩展名为 .accdb。

（4）单击"浏览"按钮，弹出"文件新建数据库"对话框。

（5）在"保存位置"下拉列表框中选择文件的保存位置为 E:\ Test，如图 8.1 所示。

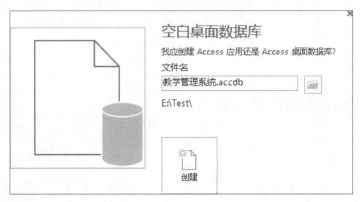

图 8.1　创建空白数据库

（6）默认文件格式为 Access 2016（文件扩展名为 .accdb），由于现在 Office 的多种版本并存，为了方便用户的数据能够共享，选择"保存类型"为 Access 2002—2003（文件扩展名为 .mdb）。

（7）单击"创建"按钮，Access 将创建空白的"教学管理系统"数据库，并显示"教学管理系统"数据库窗口，如图 8.2 所示。

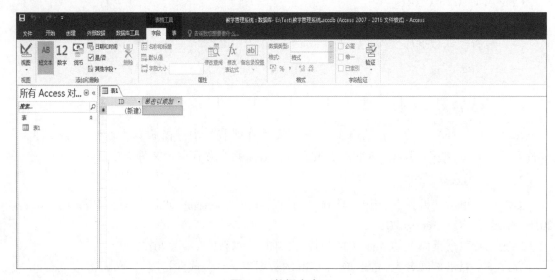

图 8.2　数据库窗口

4. 设置默认数据库文件夹为 E:\ Test

操作步骤如下：.

（1）在 Access 窗口中单击"文件"选项，然后单击下拉菜单中的"选项"按钮，弹出"Access 选项"对话框，如图 8.3 所示。

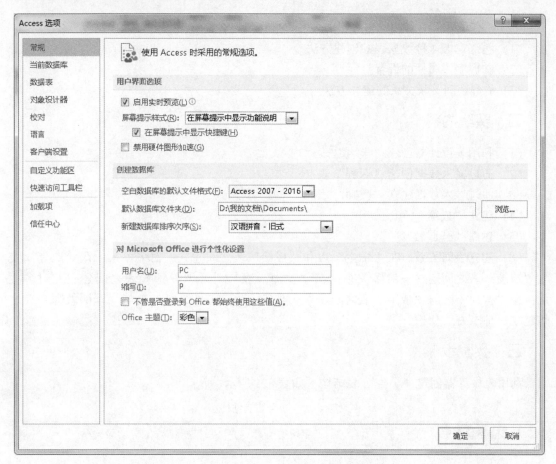

图 8.3 "Access 选项"对话框

（2）在"创建数据库"的"默认数据库文件夹"文本框中输入"E:\ Test"。

（3）单击"确定"按钮，完成设置。

5. 关闭"教学管理系统"数据库

单击"文件"选项，在弹出的下拉菜单中选择"关闭数据库"命令。

6. 退出 Access

退出 Access 通常可以采用以下方式：

（1）单击窗口右上角的"关闭"按钮。

（2）单击下拉菜单中的"新建"按钮，然后单击"退出"按钮。

（3）使用快捷键"Alt" + "F4"。

（4）右击标题栏，在弹出的快捷菜单中选择"关闭"命令。

实验二　数据表的创建与维护

一、实验目的

（1）熟练掌握4种数据表的创建方法。

（2）掌握字段属性的设置。

（3）掌握表间关联关系的建立方法。

二、实验内容

（1）利用表设计器创建"学生"表。

（2）通过输入数据创建"课程"表。

（3）通过导入数据建立"教师"表。

（4）建立"成绩"表。

（5）建立"开课教师"表。

（6）建立表间关系。在"学生"表和"成绩"表之间建立一对多关系；在"课程"表与"成绩"表之间建立一对多关系；在"教师"表与"开课教师"表之间建立一对多关系；在"教师"表与"成绩"表之间建立一对多关系；在"课程"表与"开课教师"表之间建立一对多关系。

三、实验步骤

利用表设计器创建"学生"表结构，如表8.1所示。

表8.1　"学生"表结构

字段名称	字段类型	字段大小
学号（主键）	文本	8
姓名	文本	10
性别	文本	1
出生日期	日期/时间	长日期
政治面貌	查阅向导（文本）	2
专业	文本	20
四级通过	是/否	
简历	备注	
照片	OLE 对象	

操作步骤如下：

（1）在 Access 中打开"教学管理系统"数据库。

（2）在"创建"选项卡的"表"组中单击"表设计"按钮，打开"表设计视图"

窗口。

（3）输入表的字段名称、数据类型等内容。

①单击"字段名称"列的第一行，将光标放到该字段中，向此文本框中输入"学号"，然后单击该行的数据类型，在弹出的下拉列表框中选择类型为"文本"，在"常规"选项卡中设置"字段大小"为 8。

②用同样的方法依次输入各字段的名称，并在"数据类型"下拉列表框中选择所需的数据类型及相应的属性值，建立"学生"表结构，如图 8.4 所示。

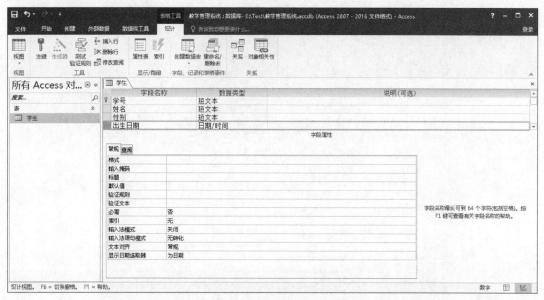

图 8.4　表设计器窗口

（4）使用"查阅向导"定义"政治面貌"字段。

①选择"政治面貌"字段，然后在"数据类型"下拉列表框中选择"查阅向导"选项，弹出"查阅向导"对话框之一，如图 8.5 所示。

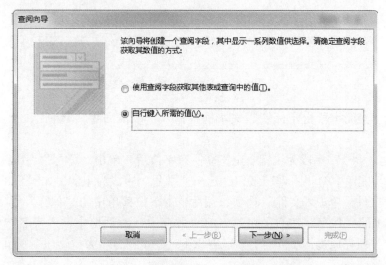

图 8.5　"查阅向导"对话框之一

②选中"自行键入所需的值"单选按钮,单击"下一步"按钮,进入"查阅向导"对话框之二,如图 8.6 所示。

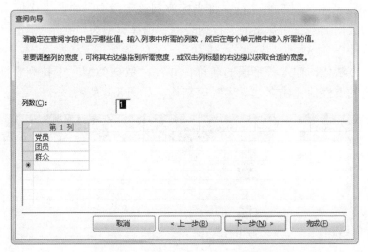

图 8.6 "查阅向导"对话框之二

③输入"党员""团员""群众",输入完成后单击"下一步"按钮,进入"查阅向导"对话框之三,如图 8.7 所示。

图 8.7 "查阅向导"对话框之三

④在"请为查阅字段指定标签"文本框中输入"政治面貌",然后单击"完成"按钮结束操作。

(5)设置"学号"字段为主键。定义完所有字段后,单击"学号"字段行的字段选定区,然后单击功能区中的"主键"按钮,定义"学号"字段为主键,如图 8.8 所示。

(6)保存文件。单击"文件"选项,然后单击下拉菜单中的"保存"命令,或单击快速访问工具栏上的"保存"按钮,在弹出的"另存为"对话框中输入表名"学生",然后单击"确定"按钮完成操作。此时,在表对象下产生了一个名为"学生"的新表。

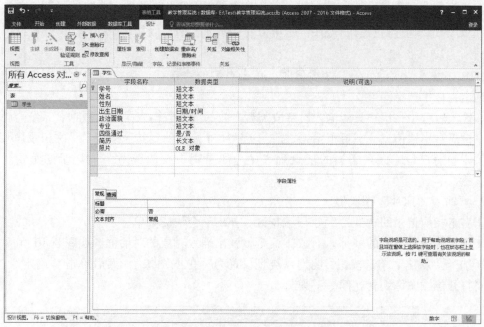

图 8.8 设置 "学号" 字段为主键

2. 向 "学生" 表中输入数据

利用数据表视图向 "学生" 表输入数据。

操作步骤如下：

（1）在数据库窗口 "表" 对象下双击 "学生" 表，进入数据表视图。

（2）输入每条记录的字段值，如图 8.9 所示。

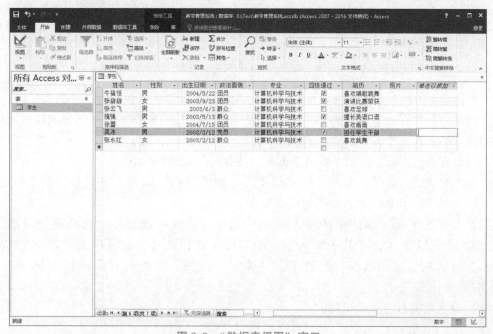

图 8.9 "数据表视图" 窗口

（3）在输入日期型字段的数据时，单击右侧的  按钮，可显示系统的日期，单击 ◀ 或 ▶ 按钮可改变日期进行选择，或用户也可以直接输入日期，例如对于 2004 年 5 月 22 日，可直接输入"2004-5-22"。

（4）在输入"政治面貌"字段值时，单击右侧的 按钮，会将政治面貌所包含的内容全部列出，从中选择即可。

在输入过程中，用户只能输入对字段类型有效的值。若输入了无效数据，系统会弹出一个信息框显示出错信息。在更正错误之前，无法将光标移动到其他字段上。在记录输入完毕后，关闭当前窗口，保存添加的记录到表中。如果用户要放弃对当前记录的编辑，可按"Esc"键。

（5）输入"照片"字段值。

①右击相应记录的"照片"字段数据区，弹出一个快捷菜单。

②选择快捷菜单中的"插入对象"命令，弹出插入对象的对话框，如图 8.10 所示。

③选中"新建"单选按钮，将对象类型设置为"位图图像"，然后单击"确定"按钮，系统将打开位图图像编辑软件——画图。

图 8.10　插入对象对话框（一）

④选择"编辑"→"粘贴来源"命令，在弹出的"粘贴来源"对话框中选择所需图片文件的位置和名称，单击"打开"按钮，则相应的图片被粘贴到"画图"软件中，此时用户可以对图片进行剪裁，或者缩放调整图片，使其符合设计的要求。

⑤编辑完成后，选择"文件"→"退出并返回到文档"命令，完成对数据源的更新，然后关闭"画图"软件，返回学生数据表视图。

如果在图 8.10 所示的插入对象对话框中选中"由文件创建"单选按钮，该对话框会变成如图 8.11 所示，在其中输入相应的文件位置和名称，或者单击"浏览"按钮，选择所需文件的位置和名称，然后单击"确定"按钮，文件内容即被保存到"照片"字段中。

（6）输入数据后，保存文件。

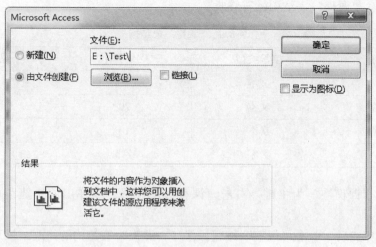

图 8.11 插入对象对话框（二）

3. 通过输入数据创建"课程"表

下面通过输入数据创建"教学管理系统"数据库中的"课程"表，该表中包含的字段有课程号、课程名称、课程分类、学分，并设置"课程号"为主键。

操作步骤如下：

（1）在"教学管理系统"数据库中，单击"创建"选项卡的"表"组中的"表"按钮，打开空白数据表。

（2）单击"单击已添加"单元格，选择"文本"，输入"课程号"，然后按"Enter"键，光标将出现在"课程号"右侧的单元格中。

（3）用同样的方法依次输入其余字段的名称，建立表结构。

（4）在记录区中逐行输入"课程"表中的各条记录，如图 8.12 所示。

课程				
课程号 ▾	课程名称 ▾	课程分类 ▾	学分 ▾	单击以添加 ▾
102	英语	必修课	4	
103	高等数学	必修课	4	
104	大学语文	必修课	3	
105	计算机基础	必修课	2	
106	动画制作	选修课	2	
107	网络广告学	任选课	2	
*				

图 8.12 "课程"表记录

（5）数据输入完毕后，单击"Office"按钮然后选择"保存"命令，在弹出的"另存为"对话框中输入表名"课程"，最后单击"确定"按钮。

4. 修改"课程"表结构

操作步骤如下：

（1）选择"课程"表并右击，在弹出的快捷菜单中选择"设计视图"命令，打开表设计器。

（2）选择 ID 字段，然后右击，在弹出的快捷菜单中选择"删除行"命令删除该行，接着按照表 8.2 对“课程”表结构进行修改。

表 8.2 “课程”表结构

字段名称	字段类型	字段大小	是否主键
课程号	文本	3	是
课程名称	文本	20	
课程分类	文本	10	
学分	数字	字节	

（3）设置“课程号”为主键。右击“课程号”字段，在弹出的快捷菜单中选择“主键”命令。

（4）修改完成后，单击“保存”按钮，保存“课程”表结构的修改结果。

5. 通过 Excel 导入“教师”表

使用“导入表”的方法建立“教学管理系统”数据库中的“教师”表，其数据来源是 Excel 表。

操作步骤如下：

（1）在 Excel 中建立一个工作表“教师.xlsx”（保存在 E:\ Test 中），表中内容如图 8.13 所示。

	A	B	C	D	E
1	教师编号	姓名	性别	出生日期	职称
2	01001	王娜	女	1978-9-12	副教授
3	01002	王宇	男	1970-2-4	副教授
4	01003	李建	男	1981-9-23	讲师
5	01004	杜雨赫	男	1981-8-9	讲师
6	01005	万安	男	1968-6-23	教授
7	01006	杨艳明	男	1979-2-12	副教授
8					

图 8.13 “教师.xlsx”表

（2）在 Access 中打开“教学管理系统”数据库。

（3）在“外部数据”选项卡中单击“Excel”按钮，弹出“获取外部数据-Excel 电子表格”对话框，如图 8.14 所示。然后单击“浏览”按钮，确定导入文件所在的文件夹为“E:\ Test”，在文件列表框中选择“教师.xlsx”，单击“打开”按钮。接着选中“将源数据导入当前数据库的新表中”单选按钮，单击“确定”按钮。

（4）弹出“导入数据表向导”对话框之一，如图 8.15 所示，单击“下一步”按钮。

（5）进入“导入数据表向导”对话框之二，选中“第一行包含列标题”复选框，如图 8.16 所示，单击“下一步”按钮。

（6）进入“导入数据表向导”对话框之三，指定相关字段信息，如图 8.17 所示，单击“下一步”按钮。

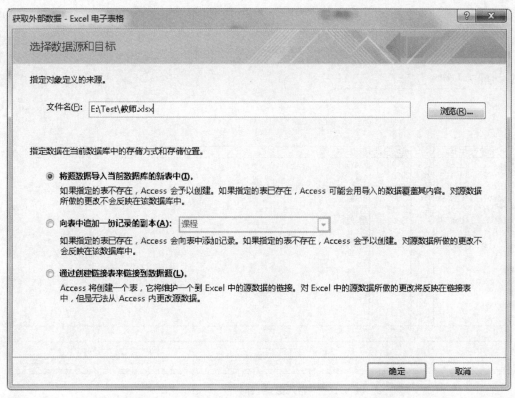

图 8.14　"获取外部数据–Excel 电子表格"对话框

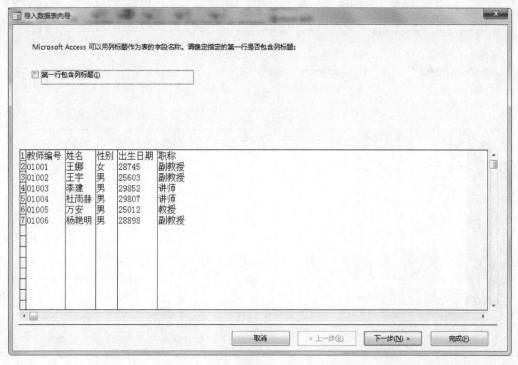

图 8.15　"导入数据表向导"对话框之一

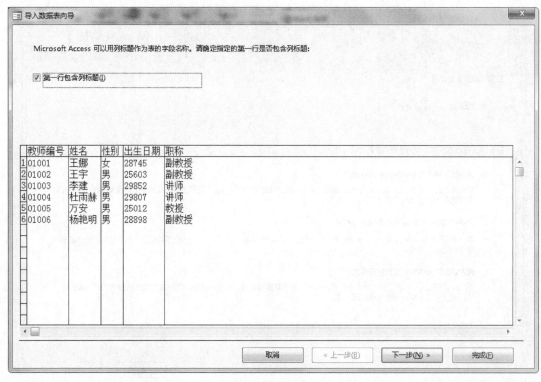

图 8.16 "导入数据表向导" 对话框之二

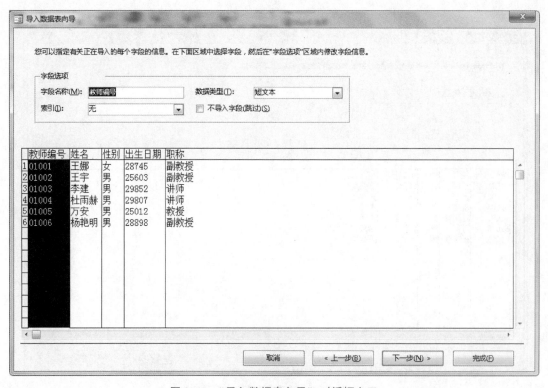

图 8.17 "导入数据表向导" 对话框之三

（7）进入"导入数据表向导"对话框之四，选中"我自己选择主键"单选按钮，单击右侧的 ⌄ 按钮选择"教师编号"作为主键，如图 8.18 所示，然后单击"下一步"按钮。

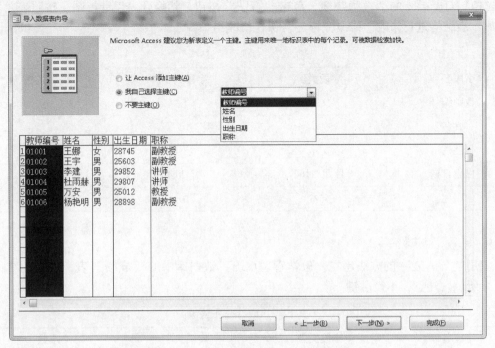

图 8.18　"导入数据表向导"对话框之四

（8）进入"导入数据表向导"对话框之五，在"导入到表"文本框中输入"教师"，如图 8.19 所示，然后单击"完成"按钮。

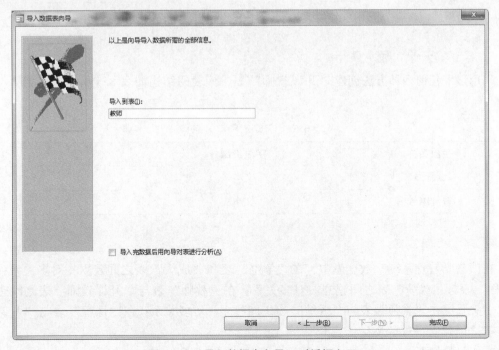

图 8.19　"导入数据表向导"对话框之五

（9）弹出提示完成数据导入的导入数据表向导消息框，单击"关闭"按钮，结束导入过程。

（10）打开导入的"教师"表，单击"视图"按钮，切换到表设计视图，按照表 8.3 对"教师"表结构进行修改。修改完毕后，保存修改结果。

表 8.3 "教师"表结构

字段名称	字段类型	字段大小	是否主键
教师编号	文本	5	是
姓名	文本	10	
性别	文本	1	
出生日期	日期/时间	短日期	
职称	文本	10	

6. 建立"成绩"表

使用"导入表"的方法建立"教学管理系统"数据库中的"成绩"表，该表的结构如表 8.4 所示。注意，不设主键。

表 8.4 "成绩"表结构

字段名称	字段类型	字段大小	小数
课程号	文本	3	
学号	文本	8	
成绩	数字	单精度	1
教师编号	文本	5	

7. 建立"开课教师"表

采用以上任何一种方法创建"开课教师"表，该表的结构如表 8.5 所示。注意，不设主键。

表 8.5 "开课教师"表结构

字段名称	字段类型	字段长度
课程号	文本	3
教师编号	文本	5

8. 建立表间关系

在"教学管理系统"数据库中，在"学生"表和"成绩"表之间建立一对多关系；在"课程"表与"成绩"表之间建立一对多关系；在"教师"表与"开课教师"表之间建立一对多关系；在"教师"表与"成绩"表之间建立一对多关系；在"课程"表与"开课教师"表之间建立一对多关系。

操作步骤如下：

（1）打开"教学管理系统"数据库。

（2）设置"学生"表中的"学号"字段为主键，"课程"表中的"课程号"字段为主键，"教师"表中的"教师编号"字段为主键。

（3）关闭所有的数据表。

（4）单击"数据库工具"选项卡的"关系"组中的"关系"按钮 ，弹出"显示表"对话框，如图 8.20 所示。

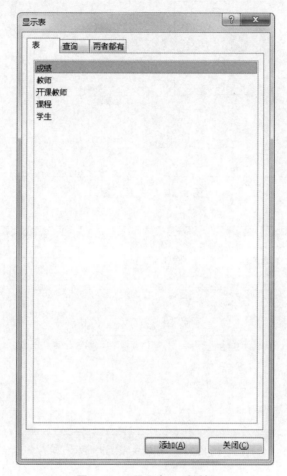

图 8.20　"显示表"对话框

（5）在"显示表"对话框中分别选择"学生"表、"成绩"表、"课程"表、"教师"表和"开课教师"表，通过单击"添加"按钮，将它们添加到"关系"窗口中，如图 8.21所示。然后单击"关闭"按钮，关闭"显示表"对话框。

（6）在"关系"窗口中拖动"学生"表的"学号"字段到"成绩"表的"学号"字段，然后释放鼠标，即可弹出"编辑关系"对话框，如图 8.22 所示。

（7）在"编辑关系"对话框中选中"实施参照完整性""级联更新相关字段"和"级联删除相关记录"复选框，然后单击"创建"按钮，创建"学生"表（父表）和"成绩"表（子表）按"学号"字段建立的一对多关系。

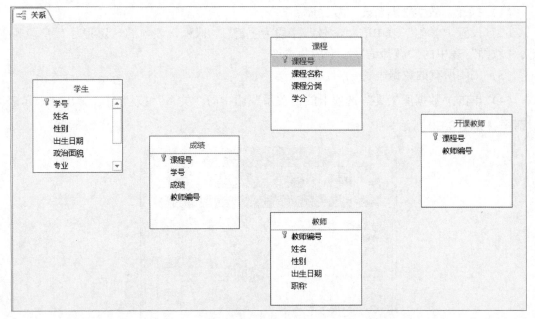

图 8.21 "关系" 窗口

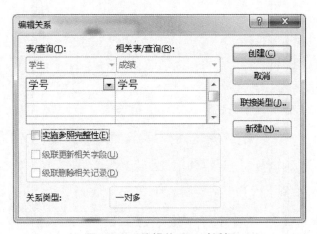

图 8.22 "编辑关系" 对话框

（8）拖动"课程"表的"课程号"字段到"成绩"表的"课程号"字段上，在弹出的"编辑关系"对话框中选中"实施参照完整性"复选框，然后单击"创建"按钮，创建"课程"表和"成绩"表之间的一对多关系。

（9）拖动"教师"表的"教师编号"字段到"开课教师"表的"教师编号"字段上，在弹出的"编辑关系"对话框中进行相关设置，建立"教师"表与"开课教师"表之间的一对多关系。

（10）拖动"教师"表的"教师编号"字段到"成绩"表的"教师编号"字段上，在弹出的"编辑关系"对话框中进行相关设置，建立"教师"表与"成绩"表之间的一对多关系。

（11）拖动"课程"表的"课程号"字段到"开课教师"表的"课程号"字段上，在弹出的"编辑关系"对话框中进行相关设置，建立"课程"表与"开课教师"表之间的一对多关系。

（12）完成关系建立的窗口如图 8.23 所示，单击"关闭"按钮，关闭"关系"窗口，保存所创建的关系。

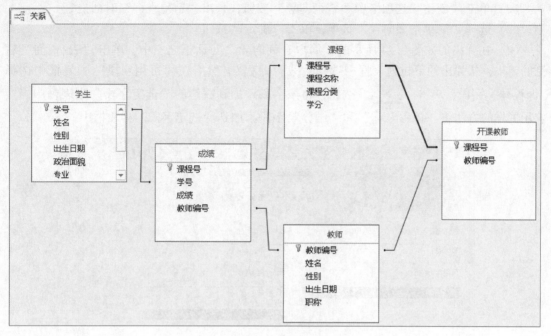

图 8.23 　"关系"窗口

实验三　查询的创建与操作

一、实验目的

（1）熟练掌握查询设计视图的使用方法。
（2）掌握查询向导的使用方法。

二、实验内容

（1）使用"简单查询向导"创建"课程基本情况"查询。
（2）使用"查找重复项查询向导"创建"不同专业学生人数"查询。
（3）使用"查找不匹配项查询向导"创建"没有选修课程学生"查询。
（4）使用设计视图创建"通过四级的女生"单表查询。
（5）创建"学生的考试成绩"多表查询。

三、实验步骤

1. 使用"简单查询向导"创建查询

使用"简单查询向导"创建"课程基本情况"查询，即为"课程"表创建名为"课程基本情况"的查询，查询结果中包括"课程号""课程名称"和"学分"3 个字段。

操作步骤如下：

（1）在 Access 中打开"教学管理系统"数据库。

（2）单击"创建"选项卡中"查询向导"按钮，弹出"新建查询"对话框。

（3）选择"简单查询向导"选项，单击"确定"按钮。

（4）在弹出的如图 8.24 所示的"简单查询向导"对话框之一中，单击"表/查询"右侧的箭头，从弹出的下拉列表框中选择"表：课程"。然后在"可用字段"列表框中选择"课程号"字段，单击" > "按钮，将该字段添加到右侧的"选定字段"列表框中。接着用同样的方法将"课程名称"和"学分"字段添加到"选定字段"列表框中。

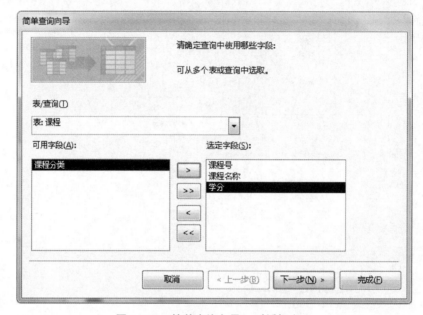

图 8.24 "简单查询向导"对话框之一

如果要选择所有的字段，可直接单击 >> 按钮一次完成；如果要取消已选择的字段，可以利用 < 或 << 按钮进行。

（5）单击"下一步"按钮，进入"简单查询向导"对话框之二。

（6）选中"明细（显示每个记录的每个字段）"单选按钮，单击"下一步"按钮，进入"简单查询向导"对话框之三。

（7）输入查询标题"课程基本情况"，并选中"打开查询查看信息"单选按钮，然后单击"完成"按钮，系统将显示新建查询的结果。

2. 使用"查找重复项查询向导"创建查询

使用"查找重复项查询向导"创建"不同专业学生人数"查询。

操作步骤如下：

（1）单击"创建"选项卡中的"查询向导"按钮，弹出"新建查询"对话框，然后选择"查找重复项查询向导"选项，单击"确定"按钮。

（2）在弹出的"查找重复项查询向导"对话框之一中选择"表：学生"，如图 8.25 所示，然后单击"下一步"按钮。

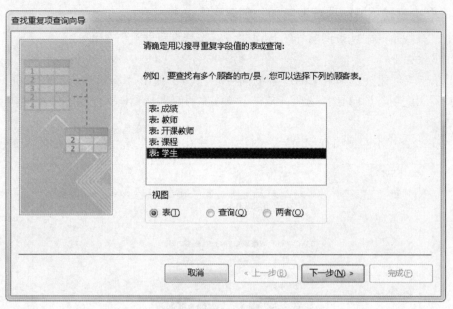

图 8.25 "查找重复项查询向导"对话框之一

（3）在弹出的"查找重复项查询向导"对话框之二中选择"专业"字段，如图 8.26 所示，然后单击"下一步"按钮。

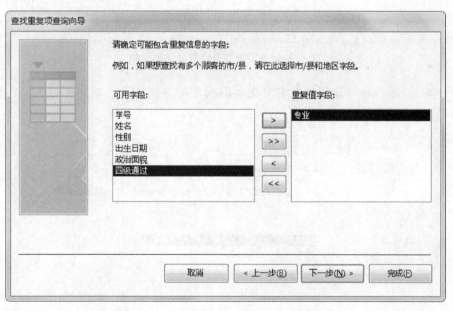

图 8.26 "查找重复项查询向导"对话框之二

（4）在弹出的"查找重复项查询向导"对话框之三中不选择其他字段，单击"下一步"按钮。

（5）在弹出的"查找重复项查询向导"对话框之四中输入查询名称"不同专业学生人数"，并选中"查看结果"单选按钮，然后单击"完成"按钮，系统将显示查询结果。

3. 使用"查找不匹配项查询向导"创建查询

使用"查找不匹配项查询向导"创建"没有选修课程学生"查询。

操作步骤如下：

（1）单击"创建"选项卡中的"查询向导"按钮，弹出"新建查询"对话框，然后选择"查找不匹配项查询向导"选项，单击"确定"按钮，弹出"查找不匹配项查询向导"对话框之一。

（2）在"查找不匹配项查询向导"对话框之一中选择"表：学生"，如图8.27所示。

图8.27 "查找不匹配项查询向导"对话框之一

（3）单击"下一步"按钮，进入"查找不匹配项查询向导"对话框之二，选择"表：成绩"，如图8.28所示。

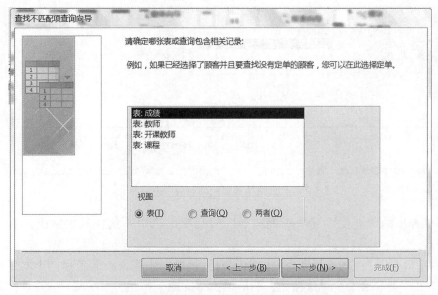

图8.28 "查找不匹配项查询向导"对话框之二

（4）单击"下一步"按钮，进入"查找不匹配项查询向导"对话框之三，确定在两张表中都有的匹配字段，在此选择"学号"字段，单击 `<=>` 按钮，如图 8.29 所示。

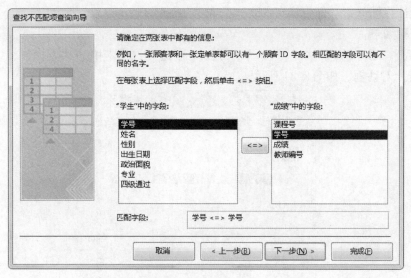

图 8.29 "查找不匹配项查询向导"对话框之三

（6）单击"下一步"按钮，进入"查找不匹配项查询向导"对话框之四，选择查询结果中所需的字段，在此选择"学号""姓名"和"专业"字段，如图 8.30 所示。

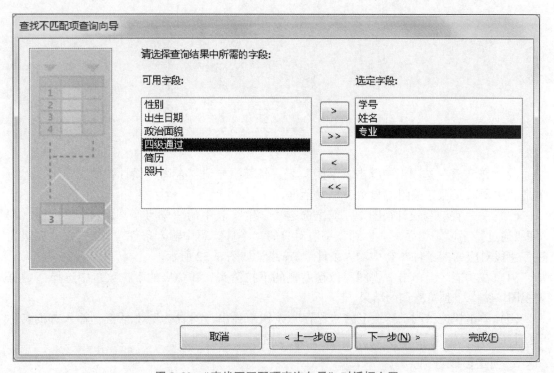

图 8.30 "查找不匹配项查询向导"对话框之四

（7）单击"下一步"按钮，进入最后一个对话框，输入查询名称"没有选修课程学生"，并选中"查看结果"单选按钮，然后单击"完成"按钮。

4. 使用设计视图创建单表查询

使用设计视图创建"通过四级的女生"单表查询。

操作步骤如下：

（1）打开"教学管理系统"数据库，单击"创建"选项卡中的"查询设计"按钮，弹出"显示表"对话框，如图 8.31 所示。

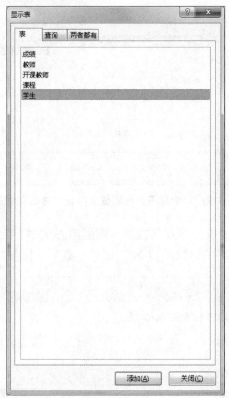

图 8.31 "显示表"对话框

（2）在"表"选项卡中双击"学生"表，将其添加到"查询"设计视图窗口中，然后单击"关闭"按钮，关闭"显示表"对话框。

（3）在"查询"设计视图中，双击选定"学生"表中的"学号""姓名""性别"和"四级通过"字段。然后在"性别"字段对应的"条件"行中输入条件"女"，在"四级通过"字段对应的"条件"行中输入条件"True"，如图 8.32 所示。

（4）在功能区上单击"视图"按钮右侧的下拉箭头，在弹出的下拉菜单中选择"数据表视图"命令，预览查询的结果。

（5）单击快速访问工具栏上的"保存"按钮，弹出"另存为"对话框，输入查询名称"通过四级的女生"，然后单击"确定"按钮，完成查询的建立。

5. 创建多表查询

创建"学生的考试成绩"的多表查询。

操作步骤如下：

（1）打开"教学管理系统"数据库，单击"创建"选项卡中的"查询设计"按钮，弹

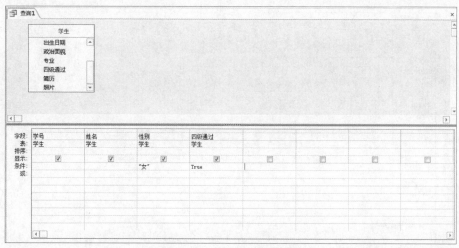

图 8.32　"查询"设计视图

出"显示表"对话框。

（2）双击"学生"表、"成绩"表和"课程"表，将 3 个表添加到"查询"设计视图窗口中，然后单击"关闭"按钮，关闭"显示表"对话框。

（3）在"查询"设计视图窗口中选择"学生"表的"学号"和"姓名"字段，"课程"表的"课程名称"字段，"成绩"表的"成绩"字段，并在"学号"字段对应的"排序"行中选择"升序"。

（4）在功能区上单击"运行"按钮，显示查询的结果。然后单击快速访问工具栏上的"保存"按钮，弹出"另存为"对话框，在"查询名称"文本框中输入查询名称"学生的考试成绩"，完成查询的建立。

实验四　Access 应用程序设计

一、实验目的

（1）熟练掌握使用向导创建窗体的方法。

（2）使用窗体设计器进行窗体的创建、修改、美化与修饰。

二、实验内容

（1）使用"窗体向导"创建"学生基本信息"窗体。

（2）使用"窗体向导"基于"学生成绩"查询创建"成绩明细"窗体。

三、实验步骤

1. 使用"窗体向导"创建"学生基本信息"窗体

使用"窗体向导"为"学生"表创建一个"两端对齐"窗体，标题为"学生基本信息"，如图 8.33 所示。注意：其中没有"照片"字段。

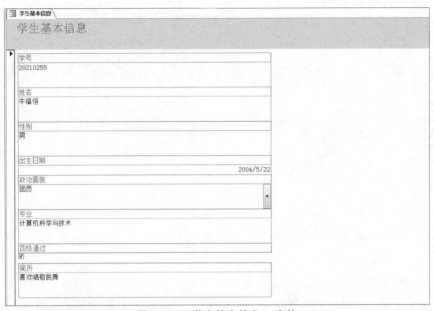

图 8.33 "学生基本信息" 窗体

操作步骤如下：

（1）打开"教学管理系统"数据库，选择"创建"选项卡，单击"窗体向导"命令，弹出"窗体向导"对话框（一），如图 8.34 所示。

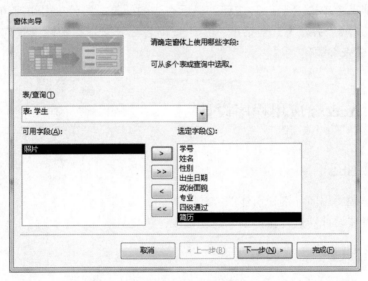

图 8.34 "窗体向导" 对话框之（一）

（2）在"表/查询"下拉列表框中选择"表：学生"，然后单击 ❯❯ 按钮，将"学生"表中的所有字段添加到"选定字段"列表框中。接着，在"选定字段"列表框中单击"照片"字段，再单击 ❮ 按钮，从列表框中删除"照片"字段。

注意：此处也可以逐个字段地进行选择和添加。方法是，在"可用字段"列表框中选择一个字段，然后单击 ❯ 按钮，添加一个字段到"选定字段"列表框中，然后重复该操作，完成指定字段的添加。

单击"下一步"按钮，进入"窗体向导"对话框（二），如图 8.35 所示。

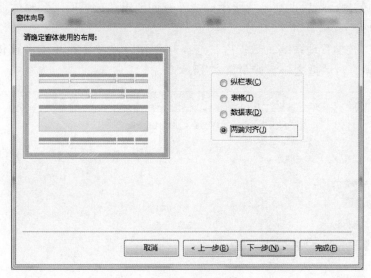

图 8.35　"窗体向导"对话框（二）

（3）选择窗体布局为"两端对齐"，然后单击"下一步"按钮，进入"窗体向导"对话框（三）。

（4）在"请为窗体指定标题："文本框中输入窗体标题"学生基本信息"，如图 8.36 所示，然后单击"完成"按钮，在窗体视图中查看窗体的运行结果。

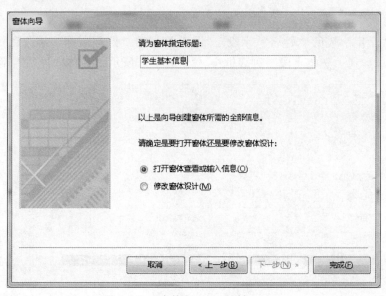

图 8.36　"窗体向导"对话框（三）

2. 使用"窗体向导"基于"学生成绩"查询创建"成绩明细"窗体

使用"窗体向导"根据"学生成绩"查询（包含"姓名""课程名称"和"成绩"字段）创建一个窗体，显示学生的姓名、课程名称和成绩信息，将窗体标题设置为"成绩明细"。

说明：由于要求根据查询创建窗体，因此，用户可以先基于"学生""课程"和"成绩" 3 个表创建一个名为"学生成绩"的查询，其查询结果中包含"姓名""课程名称"和"成绩"字段的信息，然后再基于"学生成绩"查询创建"成绩明细"窗体。

操作步骤如下：

（1）打开"教学管理系统"数据库，选择"创建"选项卡，单击"窗体向导"命令，弹出"窗体向导"对话框之一，如图 8.37 所示。

图 8.37 "窗体向导"对话框之一

（2）将"学生"表的"姓名"字段、"课程"表的"课程名称"字段和"成绩"表的"成绩"字段添加到"选定字段"列表框中，如图 8.38 所示"窗体向导"对话框之二。

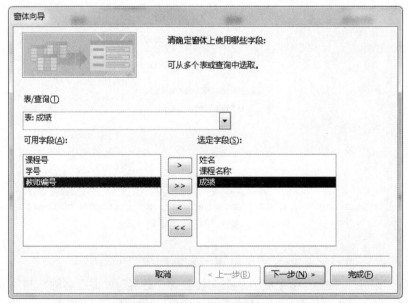

图 8.38 "窗体向导"对话框之二

（3）单击"下一步"按钮，进入"窗体向导"对话框之三，在"请为窗体指定标题："的"窗体"文本框中输入查询的标题"学生成绩"，如图 8.39 所示。

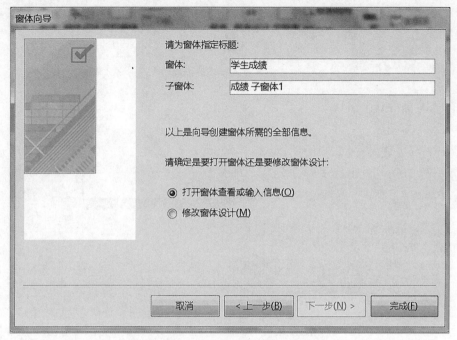

图 8.39 "窗体向导"对话框之三

（4）单击"完成"按钮，查看查询的结果，并关闭"学生成绩"查询窗体。

（5）选择"创建"选项卡，打开"窗体"组中的"其他窗体"下拉菜单，选择"窗体向导"命令，弹出"窗体向导"对话框之四，如图 8.40 所示。

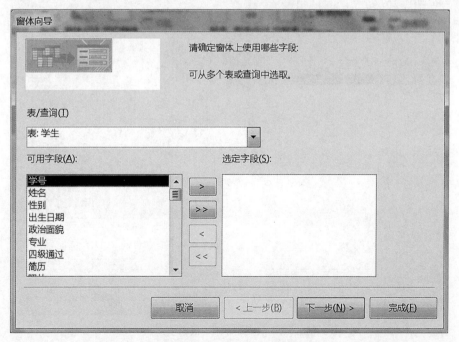

图 8.40 "窗体向导"对话框之四

（6）在"表/查询"下拉列表框中选择"查询：学生成绩"，然后将"学生成绩"查询中的所有字段添加到"选定字段"列表框中，如图 8.41 所示"窗体向导"对话框之五。

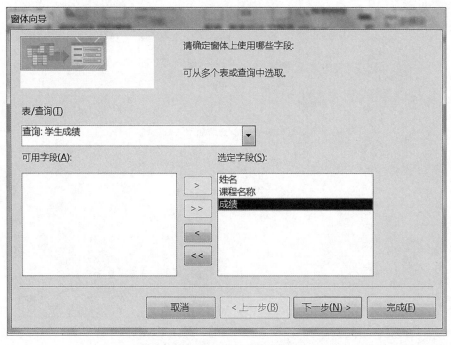

图 8.41　"窗体向导"对话框之五

（7）单击"下一步"按钮，在弹出的对话框中选择查看数据的方式，在此选择"通过成绩"查看数据，如图 8.42 所示"窗体向导"对话框之六。

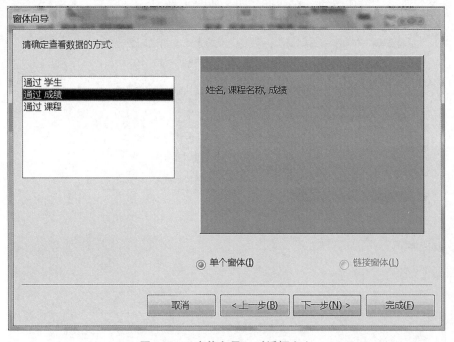

图 8.42　"窗体向导"对话框之六

（8）单击"下一步"按钮，选择窗体布局为"数据表"，如图 8.43 所示"窗体向导"
对话框之七。

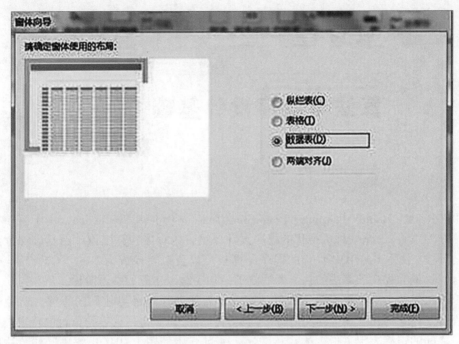

图 8.43 "窗体向导"对话框之七

（9）单击"下一步"按钮，进入"窗体向导"对话框之八，输入窗体标题为"成绩明
细"，单击"完成"按钮，如图 8.44 所示。

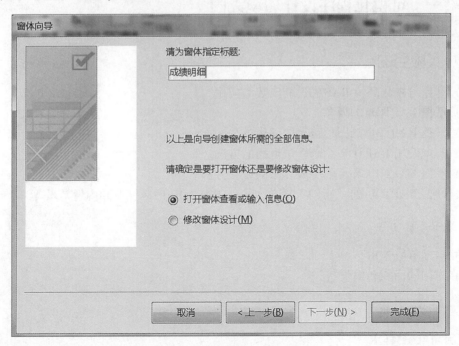

图 8.44 "窗体向导"对话框之八

第9章

算法与程序设计基础

RAPTOR（the Rapid Algorithmic Prototyping Tool for Ordered Reasoning，用于有序推理的快速算法原型工具），是一种可视化的程序设计环境，为程序和算法设计的基础课程的教学提供实验环境。使用 RAPTOR 设计的程序和算法可以直接转换成为 C++、C#、Java 等高级程序语言，这就为程序和算法的初学者铺就了一条平缓、自然的学习阶梯。

RAPTOR 是一个基于流程图的编程环境，专为帮助学生练习他们的算法，避免语法错误。流程图是一系列相互连接的图形符号的集合，其中每个符号代表要执行的特定类型的指令。符号之间的连接决定了指令的执行顺序。一旦开始使用 RAPTOR 解决问题，这些原本抽象的理念将会变得更加清晰。

实验一 可视化程序设计环境入门

一、实验目的

（1）掌握可视化环境 RAPTOR 的安装和应用。
（2）掌握 RAPTOR 的概念。
（3）掌握 RAPTOR 的图形符号的使用方法。
（4）掌握使用 RAPTOR 绘制算法流程的方法。
（5）掌握 RAPTOR 环境下一般算法的设计方法。
（6）掌握 RAPTOR 的"帮助"菜单，了解 RAPTOR 的运算符和内置常量等。

二、实验内容

（1）启动 RAPTOR。
（2）求圆的面积和周长。

三、实验步骤

1. 启动 RAPTOR

方法一：单击"开始"按钮，选择"程序"→"RAPTOR"命令，启动 RAPTOR。

方法二：双击桌面上的 RAPTOR 的快捷方式图标，启动 RAPTOR。

2. 求圆的面积和周长

算法如图 9.1 所示。

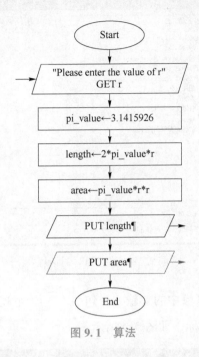

图 9.1　算法

操作步骤如下：

（1）启动 RAPTOR 软件，进入系统初始界面。

单击"文件"菜单下的"新建"按钮，弹出如图 9.2 所示界面。

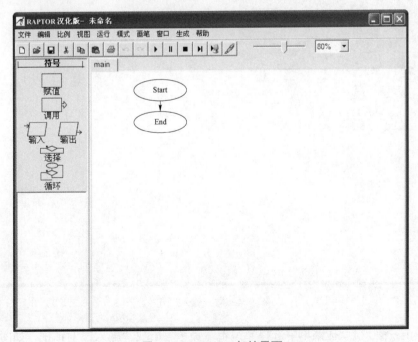

图 9.2　RAPTOR 初始界面

（2）单击"文件"菜单下的"保存"按钮，弹出"另存为"对话框，如图 9.3 所示，输入文件名为"求面积"，单击"保存"按钮。

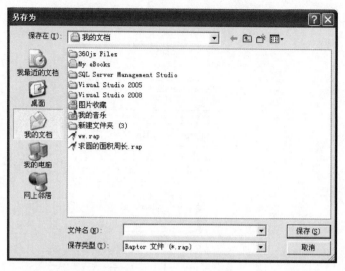

图 9.3 "另存为"对话框

（3）单击"基本符合"区域中的"输入语句" 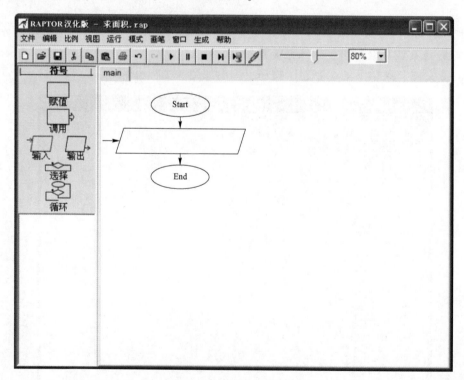 ，呈现选定状态，在程序图中，找到要插入的相应位置，单击鼠标。如图 9.4 所示。

图 9.4 插入输入语句

（4）单击右键，在快捷菜单中选择"编辑"命令，出现"输入"对话框，如图 9.5 所示，在提示部分输入"Please enter the value of r"，在变量部分输入"r"，单击"完成"按钮。

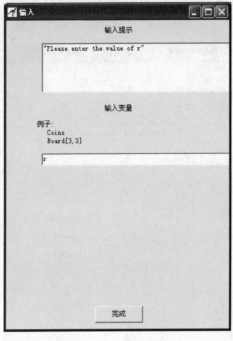

图 9.5　"输入"对话框

（5）单击"基本符合"区域中的"赋值语句" ，呈现选定状态，在程序图中，找到要插入的相应位置，单击鼠标。如图 9.6 所示。

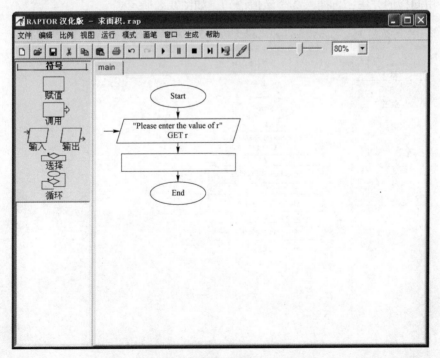

图 9.6　插入赋值语句

（6）单击右键，在快捷菜单中选择"编辑"命令，出现赋值对话框（注："Set"部分为接收赋值的变量或数组元素，"To"部分为表达式），如图 9.7 所示，在 Set 部分输入"pi_value"，在 To 部分输入"3.1415926"，单击"完成"按钮。

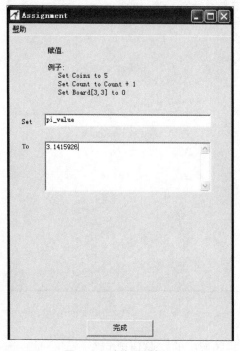

图 9.7 赋值对话框一

（7）用同样的方法，再插入 2 个赋值语句，如图 9.8 所示。

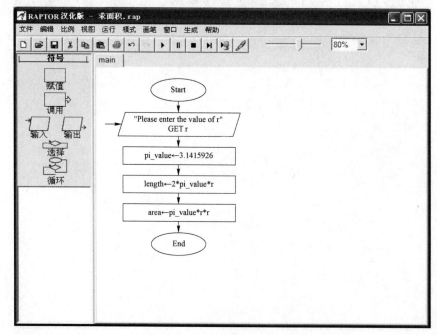

图 9.8 赋值对话框二

（8）单击"基本符合"区域中的"输出语句" 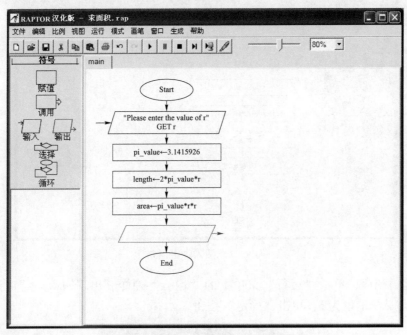，呈现选定状态，在程序图中，找到要插入的相应位置，单击鼠标。如图 9.9 所示。

图 9.9 插入输出语句

（9）单击右键，在快捷菜单中选择"编辑"命令，在输出对话框中，输入变量"length"，单击"完成"按钮。如图 9.10 所示。

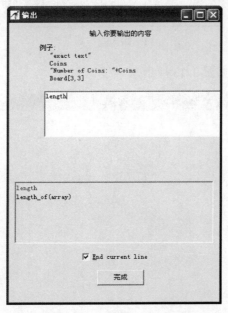

图 9.10 "输出"对话框

（10）使用步骤（9）的方法再插入一个输出语句，输出"area"，如图 9.11 所示。

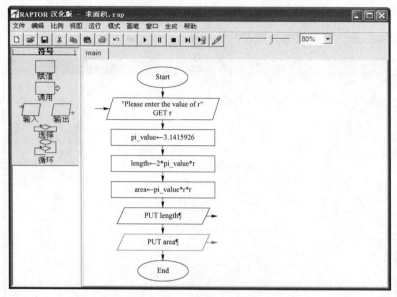

图 9.11 插入输出语句

（11）运行程序，单击"运行"菜单下的"运行"命令，出现输入运行对话框，如图9.12所示，输入 r 的值为5，单击"确定"按钮。

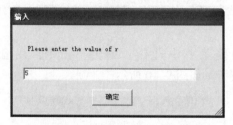

图 9.12 输入运行对话框

（12）程序运行结果，如图 9.13 所示。

图 9.13 程序运行结果

实验二　RAPTOR 中选择结构算法设计

一、实验目的

掌握 RAPTOR 中包含分支机构的算法设计。

二、实验内容

（1）给出 y 的表达式：$y=\begin{cases}2x+1, & x\geq 0,\\-x, & x<0,\end{cases}$ 计算分段函数 y 的值。

（2）假设收入（p）与税率（r）的关系表达式如下，求税金。

$$r=\begin{cases}0, & p<800\\0.05, & 800\leq p<2\ 000\\0.08, & 2\ 000\leq p<5\ 000\\0.1, & p\geq 5\ 000\end{cases}$$

三、实验步骤

1. 计算分段函数 y 的值。

（1）算法 1，如图 9.14 所示。

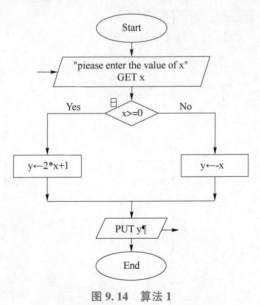

图 9.14　算法 1

程序运行后，输入 x 的值为 23，程序运行结果如图 9.15 所示。

（2）算法 2，如图 9.16 所示。

程序运行后，输入 x 的值为 -2，程序运行结果如图 9.17 所示。

图 9.15 程序运行结果

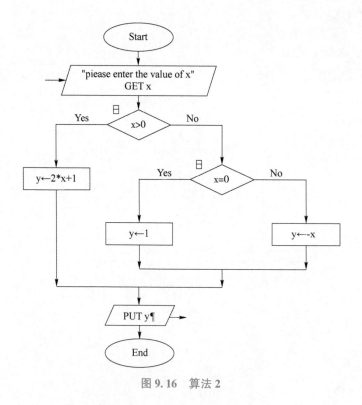

图 9.16 算法 2

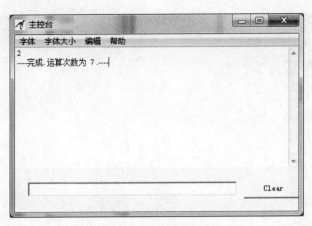

图 9.17　程序运行结果

2. 求税金

算法，如图 9.18 所示。

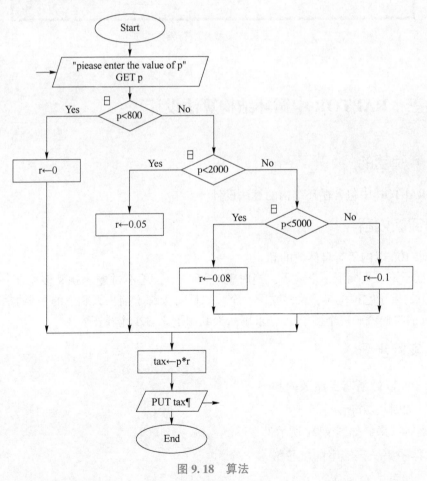

图 9.18　算法

程序运行后，输入 p 的值为 3 000，程序运行结果如图 9.19 所示。

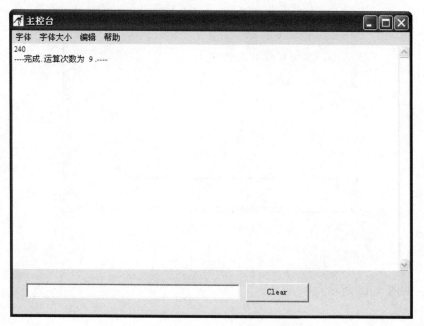

图 9.19　程序运行结果

实验三　RAPTOR 中循环结构算法设计

一、实验目的

掌握 RAPTOR 中包含循环结构的算法设计。

二、实验内容

（1）求 100 以内所有自然数的和。

（2）猴子第一天摘下 x 个桃子，当时就吃了一半，还不过瘾，就又多吃了一个。第二天又将剩下的桃子吃掉一半，又多吃了一个。以后每天都吃前一天剩下的一半加一个。到第 n 天再想吃的时候就剩一个桃子了，求第一天共摘下来多少个桃子？

三、实验步骤

1. 求 100 以内所有自然数的和

算法，如图 9.20 所示；

程序运行结果，如图 9.21 所示。

2. 求猴子第一天摘下的桃子数

算法，如图 9.22 所示；

程序运行后，输入 n 的值为 5，程序运行结果如图 9.23 所示。

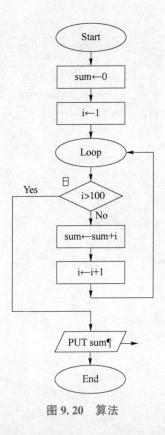

图 9. 20　算法

图 9. 21　程序运行结果

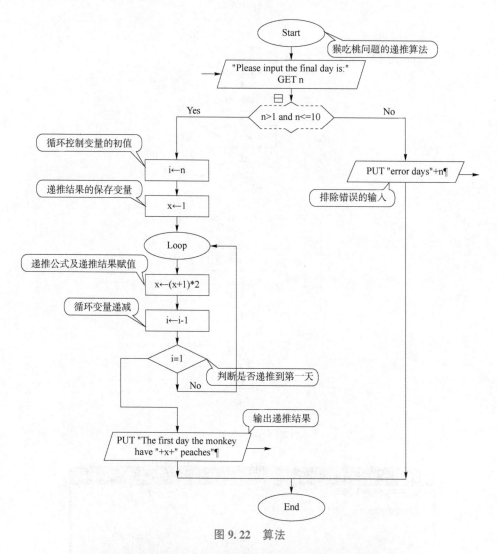

图 9.22　算法

图 9.23　程序运行结果

第10章

计算机常用软件使用

实验一　使用360安全工具管理计算机

一、实验目的

360安全卫士和360杀毒工具的使用。

二、实验内容

（1）下载并安装360安全卫士。

（2）使用360安全卫士管理电脑。

（3）使用360杀毒软件查杀计算机中的病毒。

三、实验步骤

1. 下载并安装360安全卫士

（1）打开360安全卫士官方网站"http：//www.360.cn/"，选择"超强查杀套装"下载，如图10.1所示。

（2）选择文件保存位置，并单击"下载"按钮下载安装文件。

（3）下载完成后，双击运行360卫士安装文件360safe_ cq.exe，开始安装。

（4）按提示选择安装位置并单击"下一步"按钮，直至安装完成。

（5）安装完成后，系统会自动运行360安全卫士和360杀毒软件，在系统任务栏中显示其图标，如图10.2所示。

2. 使用360安全卫士管理电脑

（1）双击任务栏中的360安全卫士图标，打开360安全卫士管理窗口。

（2）单击"立即体检"按钮，360安全卫士开始自动监测计算机中存在的安全风险、影响计算机运行的冗余文件等，结果如图10.3所示。

图 10.1　360 安全卫士官网

图 10.2　任务栏中的 360 图标

图 10.3　计算机体检结果

（3）单击"一键修复"按钮，360 安全卫士自动修复漏洞、清理垃圾文件等，结果如图 10.4 所示。

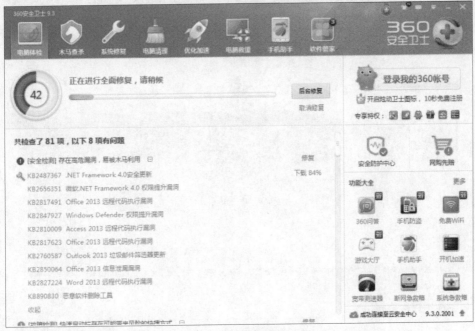

图 10.4　自动修复安全问题

3. 使用 360 杀毒软件查杀计算机中的病毒

（1）双击任务栏中的盾形 360 杀毒图标，打开"360 杀毒"窗口，如图 10.5 所示。

图 10.5　"360 杀毒"窗口

（2）单击"快速扫描"按钮，对计算机系统关键区域进行快速扫描，如图 10.6 所示。

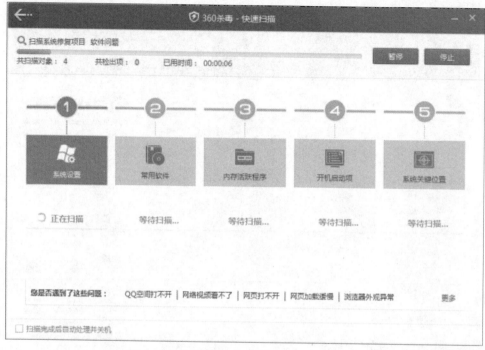

图 10.6 快速扫描

（3）单击选择系统异常项目前的复选框，单击"立即处理"按钮进行处理，如图 10.7 所示。

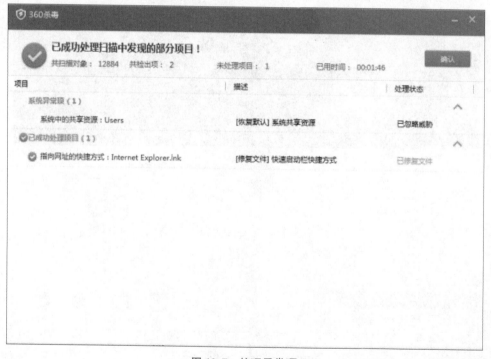

图 10.7 处理异常项

实验二　使用 WinRAR 压缩和解压缩文件

一、实验目的

(1) 掌握 WinRAR 的使用。
(2) 学会压缩和解压缩文件。
(3) 了解有哪些常用的压缩软件。

二、实验内容

(1) 下载并安装 WinRAR。
(2) 压缩文件。
(3) 解压缩文件。

三、实验步骤

1. 下载并安装 WinRAR

(1) 在官方网站"http://www.winrar.com.cn/"下载最新版 WinRAR 软件。
(2) 双击下载的安装文件，打开软件安装界面，如图 10.8 所示。

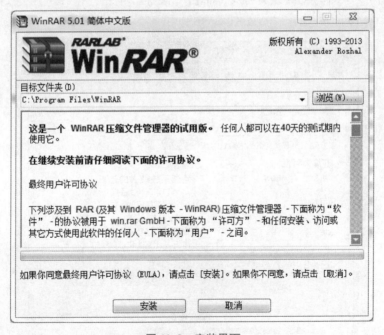

图 10.8　安装界面

(3) 单击"浏览"按钮选择安装位置，然后单击"安装"按钮开始安装。
(4) 选择关联文件等选项，单击"确定"按钮完成安装，如图 10.9 所示。

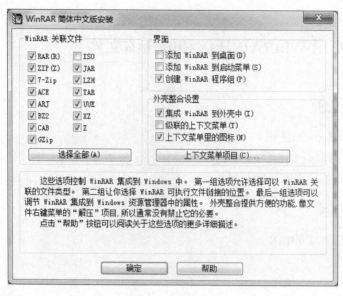

图 10.9　安装选项

2. 压缩文件

（1）双击 WinRAR.exe 文件，打开 WinRAR 窗口。

（2）单击向上按钮，找到文件所在的位置。

（3）选择需要压缩的文件或文件夹，单击"添加"按钮，打开"压缩文件名和参数"对话框，如图 10.10 所示。

图 10.10　压缩设置对话框

（4）根据需要设置"压缩文件名""压缩文件格式""压缩方式"等内容，然后单击"确定"按钮，系统开始自动压缩文件，如图 10.11 所示。

图 10.11　自动压缩文件

3. 解压缩文件

选中要解压缩的文件，右击打开快捷菜单，选择"解压到"命令，打开"解压路径和选项"对话框，按需要进行设置以后，单击"确定"按钮解压缩文件，如图 10.12 所示。

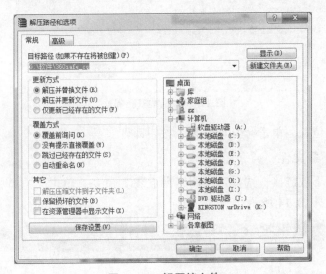

图 10.12　解压缩文件

实验三　使用迅雷下载工具下载文件

一、实验目的

(1) 熟悉下载工具的使用。

(2) 掌握如何使用下载工具下载文件。

二、实验内容

(1) 下载并安装迅雷下载工具。

(2) 使用迅雷下载文件。

三、实验步骤

1. 下载并安装迅雷下载工具

（1）在迅雷官网"http：//dl. xunlei. com/"选择下载迅雷 7。

（2）下载完成后，双击安装文件，打开安装程序，如图 10.13 所示。

图 10.13　迅雷安装界面

（3）选择安装位置，单击"立即安装"按钮即可。

2. 使用迅雷下载文件

（1）右击文件下载链接，选择"使用迅雷下载"命令，单击"立即下载"按钮，打开正在下载界面，如图 10.14 所示。

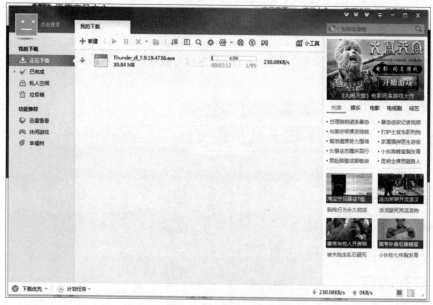

图 10.14　正在下载

（2）此时可使用迅雷下载界面工具栏中的按钮，对下载任务进行管理，如暂停下载、删除下载任务等。

实验四　查看 PDF 文档

一、实验目的

（1）熟悉福昕 PDF 阅读器的使用。
（2）掌握 PDF 文档的特性。

二、实验内容

（1）下载并安装福昕 PDF 阅读器。
（2）使用福昕 PDF 阅读器。

三、实验步骤

1. 下载并安装福昕 PDF 阅读器

（1）前往福昕阅读器官网下载最新版本安装文件。
（2）双击其安装文件，打开安装向导，如图 10.15 所示。

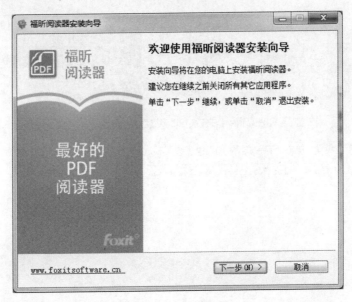

图 10.15　安装向导

（3）单击"下一步"按钮，选中"我接受协议"单选按钮，如图 10.16 所示。
（4）选择安装路径后单击"下一步"按钮，如图 10.17 所示。
（5）选择"自定义安装"，单击"下一步"按钮，在弹出的图 10.18 中选择自定义安装组件。
（6）按提示单击"下一步"按钮，完成安装。

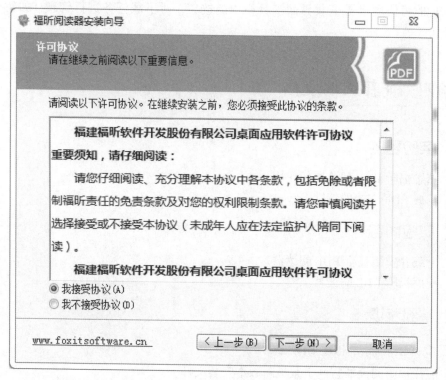

图 10.16　接受协议

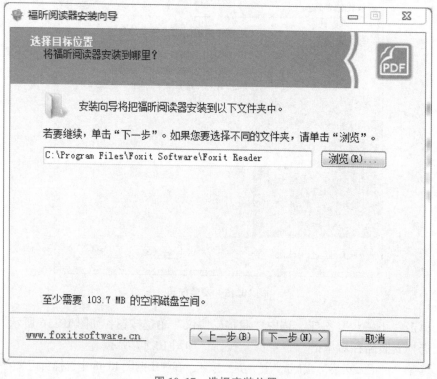

图 10.17　选择安装位置

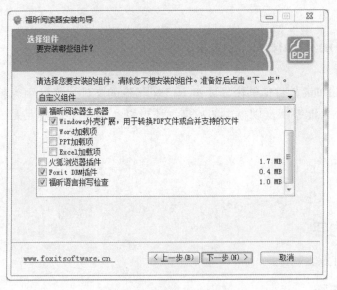

图 10.18　自定义安装组件

2. 使用福昕 PDF 阅读器

（1）双击桌面上的快捷方式，打开福昕 PDF 阅读器，如图 10.19 所示。

（2）选择"文件"菜单下的"打开"命令，选择 PDF 文件打开。

（3）单击"主页"选项卡中的"从文件"按钮，可以选择将其他文件转化为 PDF 文件。

（4）使用"注释"选项卡中的工具按钮，可以为 PDF 文件添加注释。

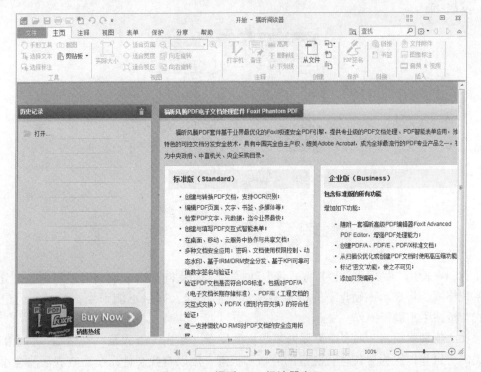

图 10.19　福昕 PDF 阅读器窗口

实验五　FinalDate 数据恢复

大家知道 FinalDate 软件能够恢复硬盘上已经删除的文件，挽救因为种种原因而丢失的数据。其实，它不仅能够恢复硬盘上的数据，还可以"救活"光盘上无法读出（受损）的文件。

一、实验目的

掌握数据恢复操作。

二、实验内容

如何操作软件恢复数据。

三、实验步骤

1. 选择目标

首先通过主界面上"文件"菜单的"打开"选项选择需要恢复数据的硬盘或者分区，如果当前系统可以识别硬盘的信息，也就是在主引导区和分区表没有被破坏的情况下，可以通过"逻辑驱动器"列表选择包含想要恢复数据的分区。如果由于格式化或者分区信息被破坏等原因导致逻辑驱动器不能识别，那么就必须从"物理驱动器"列表中来选择相应的硬盘。选择后单击"确定"按钮，FinalDate 将在选定的分区或者硬盘上进行扫描，如图 10.20 所示。

图 10.20　选择驱动器

注意，在使用"物理驱动器"方式恢复数据时，如果 FinalDate 能够自动识别丢失分区的文件系统格式，将显示该硬盘上的逻辑驱动器供你选择，如果不能识别，则必须通过"查找格式"按钮手工进行操作。

选择"物理驱动器"列表中需要恢复数据的硬盘并单击"查找格式"按钮，FinalDate 将在丢失的分区里以簇为单位进行磁盘的分析和检索，用以查找文件系统。查找后将显示找到的结果，如果找到的文件系统格式和丢失数据前的一致，可以单击"选择格式"按钮，并对所需分区进行检索。否则单击"继续"按钮 来查找下一个可能包含丢失数据的文件系统，直到正确为止，如图 10.21 所示。

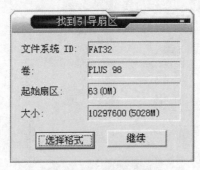

图 10.21　找到引导扇区

2. 目录扫描

（1）FinalData 在逻辑驱动器或者物理硬盘上扫描时，将自动分析文件分配表和目录分配表信息，并且在数据存储区中对应的位置查找数据。扫描的步骤分为"目录扫描"和"簇扫描"两步。由于在系统删除文件时，实际上只有文件或者目录名称的第一个字符会被删掉。所以在 FinalData 通过扫描目录分配表完成"目录扫描"时，所有可以被恢复的已删除文件就应该都找到了。如果要恢复的只是误删除的文件，可以在"目录扫描"结束时单击"取消"按钮取消"簇扫描"的操作，然后开始浏览找到的目录与文件以寻找要恢复的文件。另外，如果仅仅是文件分配表被破坏，FinalData 也能够通过"目录扫描"找到要恢复的数据。但是，如果目录分配表也被破坏了，或者在 Windows NT/2000/XP 之类的操作系统上删除了文件并清除了回收站，而且文件没有被"文件删除管理"所保护的情况下，则必须通过"簇扫描"才能恢复，如图 10.22 所示。

图 10.22　扫描根目录

（2）如果是其他情况的数据丢失，或者被删除的文件可能已经被其他文件所覆盖，此时将需要通过"簇扫描"来恢复数据（也可以试图对被覆盖的文件恢复部分未被覆盖的数据）。在目录扫描完成后，FinalData 将出现一个对话框要求用户选择扫描的簇范围，默认值是分区的开始位置直到分区结束位置。单击"确认"后，FinalData 将开始对所选范围内的簇进行扫描，查找被破坏的目录和文件。"簇扫描"需要花费较长的时间，随着系统配置的不同，"簇扫描"所需的时间也不一样。一个 8 GB 的硬盘，平均簇扫描时间约为 60 分钟。另外，FinalData 扫描的速度也受 CPU 时钟频率以及内存大小的影响，如图 10.23 所示。

图 10.23　簇扫描

在扫描工作结束后，主界面的左边区域将会出现"根目录""删除的目录""删除的文件""丢失的目录""丢失的文件""最近删除的文件"和"已搜索到的文件"7 个项目。"根目录"中是目前正常的目录树；"删除的目录"列出的是被删除的目录清单；"删除的文件"是删除的文件清单；"丢失的目录"是"簇扫描"后找到的目录，同时也包括 FinalData 发现的由于格式化或者病毒等被破坏的目录清单；"丢失的文件"中列出的是被严重破坏的文件；"最近删除的文件"是"文件删除管理器"功能自动保存的已删除文件，大多数情况下可以完整地恢复出来；"已搜索到的文件"是用户使用搜索功能找到的文件。

①删除的文件与目录。

如果只是恢复误删除的文件，情况将比较简单，在"删除的目录"或者"删除的文件"中很容易找到，特别是已经安装了"文件删除管理器"后删除的被保护文件，在"最近删除的文件"中可以找到完整的文件。

另外，仅仅是文件分配表被破坏的数据也会列在"删除的目录"或者"删除的文件"中以供恢复。但如果是在 Windows NT/2000/XP 之类的操作系统上删除了文件并清除了回收站的数据，在使用"文件删除管理"保护的情况下可恢复的文件将位于"最近删除的文件"内，否则将放在"丢失的目录"和"丢失的文件"内。

②其他文件与目录。

"丢失的文件"中列出的文件虽然被破坏，但如果数据部分依然完好，也可以从"丢失的文件"中恢复。所谓的破坏有可能是部分数据被破坏，也可能是文件的名称或者相关的信息被破坏。通过上面介绍的系统存取数据的原理可以得知，如果目录信息被破坏，FinalData 将无法确定被恢复文件的名称和大小，此时 FinalData 将创建临时文件。文件名称以文件开始的簇进行标号，扩展名则根据文件格式自动确定，而文件的大小将根据在配置菜单中定义的缺省文件大小设定。这种恢复方式可以有效地恢复因硬盘软故障或者病毒导致的目录信息丢失的数据，因为很多时候被破坏的只是记录文件信息的数据而不是实际的文件数据。

3. 搜索文件

如果找不到要恢复的文件在哪里，可以通过"文件"菜单中的"查找"命令来搜索。可以选择"按文件名查找"，在当前分区查找存在的或者已删除的目标文件。也可以选择"按簇查找"，输入开始和结束的簇号，在选定的范围内对现存文件和被删除的文件进行查找（在 NTFS 文件系统中使用 MFT 编号）。或者选择"按日期查找"，在下拉菜单中选择"创建日期"或"修改日期"或"最后访问日期"，并输入需要检索的开始和结束日期，查找满足条件的数据，如图 10.24 所示。找到的文件将会出现在左侧窗口区域的"已搜索到的文件"项目中。

图 10.24　查找